건축가 서현의
세모난 집 짓기

건축가 서현의 세모난 집 짓기

1판 1쇄 발행 | 2016년 7월 15일
1판 2쇄 발행 | 2019년 3월 5일

지은이 서현

펴낸이 송영만
디자인 자문 최웅림
펴낸곳 효형출판
출판등록 1994년 9월 16일 제406-2003-031호

주소 경기도 파주시 회동길 125-11(파주출판도시)
전자우편 info@hyohyung.co.kr
홈페이지 www.hyohyung.co.kr
전화 031 955 7600 | 팩스 031 955 7610

ⓒ 서현, 2016
ISBN 978-89-5872-144-4 03540

값 14,500원

이 도서의 국립중앙도서관 출판예정도서목록(CIP)은 서지정보유통지원시스템 홈페이지
(http://seoji.nl.go.kr)와 국가자료공동목록시스템(http://www.nl.go.kr/kolisnet)에서
이용하실 수 있습니다.(CIP제어번호: CIP2016014626)

건축가 서현의
세모난 집 짓기

효형출판

차례

나를 위한 선물

이메일

"제 자신에게 선물로 줄 집을 짓고 싶습니다."

내가 받은 이메일 제목이었다. 범상치 않았다. 이 책은 그다음부터 벌어진 이야기다. 그 선물이 완성되어가는 과정의 기록이다.

아파트 열기가 예전 같지 않다. 1970년대부터 국토를 들쑤신 열기였다. 그런데 사람들이 갑자기 '집'을 이야기하기 시작했다. 물론 아파트도 집이다. 여기서 집은 마당이 있는 단독주택을 가리킨다. 그런 집을 그리워하고 동경하는 사람들이 많아지고 있다. 사랑이 식은 연속극 주인공처럼 왜 갑자기 아파트 말고 집을 이야기하기 시작했을까.

집은 어렵다. 설계하기도 짓기도 어렵다. 그리고 살짝 귀띔하거니와 살기도 어렵다. 집은 바지런한 자들에게 맞는 주거 유형이다. 아파트는 나태한 자들에게도 생존을 보장해준다. 오히려 나태를 적극적으로 권유하기도 한다. 그러나 세상에는 불편함을 근면으로 기꺼이 극복하고 그 가치를 음미하려는 사람들이 있다. 그들이 집을 짓겠다고 나선다. 이 책은 바로 그 목격담이다. 과연 아파트보다 집이 더 좋은지, 바람직한 주거 유형의 지향점이 무엇인지를 이 책에서 굳이 따지려 들지는 않을 것이다.

건축가로서 집을 짓는 일은 곧 거기 살 사람의 인생에 개입하는 것이다. 사랑이 외로운 건 운명을 걸기 때문이라고 했다. 집 짓기가 어려운 이유는 거주자들의 삶이 달려 있기 때문이다. 내 경험으로는 작은 집일수록 더 그렇다. 집은 크기는 작아도 사람 사는 건물에 필요한 모든 것을 다 넣어야 한다. 짓는 데 많은 사람이 필요하고 시간도 오래 걸린다. 여기에 모든 것을 거는 건축주의 기대 수준은 높고 요구는 까다롭다. 그런데 예산은 부족하다.

연속극

"쓱쓱 그리면 되는 것 아닌가요?"

가끔 접하는 질문이다. 건축설계에 대한 인상을 드러내는 말이다. 그는 아마 텔레비전 드라마를 많이 보았을 것이다. 영상 속 위대한, 게다가 잘생긴 건축가의 모습이 과연 그렇다. 커다란 스케치북 앞에서 정열적으로 뭔가를 그리면 그게 바로 고층 건물로, 대형 아파트로, 리조트로 변한다. 임무를 완수한 그는 빨간 스포츠카를 몰고 우리의 여주인공을 만나러 간다.

그건 잘생기고, 성격 좋고, 돈 많고, 가문 좋은 캐릭터만 즐비한 텔레비전 상황이다. 실상은 다르다. 드라마 주인공이 되기 위해서는 헬스클럽에서 땀 흘리고 병원에서 피부 관리를 받아야 한다. 평상시에 감독, 기자 들과 친분도 잘 유지해둬야 한다.

스크린 밖에서는 아무리 도면을 멋지게 그려도 집이 홀연히 등장하지 않는다. 흔치는 않으나 쓱쓱 그리면 되리라는 선입견으로 건축과에 진학하는 학생들도 있다. 역시 드라마와 영화의 영향일 것이다. 나름 예술가 지망생들이다. 나는 멋지게 건물 외관을 그리면 된다. 나머지는 누군가가 알아서 해주는 일이다. 그게 엔지니어인지, 시공자인지, 동네 아저씨인지, 누구인지는 과연 알 수 없다. 그런 군은 신념 혹은 신기한 선입견으로 무장한 우아한 신입생들이 가끔 건축과에 등장한다.

전문가

"설계비는 왜 그렇게 비싸죠?"

역시 가끔 접하는 질문이다. 우리는 집을 싸게 지으려 한다. 그리고 설계비를 아까워한다. 나는 설계비에 인색하다가 건물 준공 시점에 부엌 가구, 샤워기 등에 믿기지 않는 금액을 쏟아부은 건축주들의 이야기도 들었다.

집 지으면서 십 년은 늙는다고들 한다. 그럴 수 있다. 이유는 간단하다. 전문가들을 신뢰하지도 않고 전문적 식견을 차용하는 데 필요한 적절한 보상도 아까워했기 때문이다.

어떤 일에서나 계획은 중요하다. 복잡한 일일수록 꼼꼼하고 정밀한 계획이 필요하다. 건물을 지을 때 설계가 얼마나 중요한지는 다시 말할 필요도 없다. 도면에서 확인하는 것이 건설 현장에서 고치는 것보다 쉽고 빠르고 안전하다. 그리고 싸다.

좋은 계획이 좋은 결과를 만든다. 전문가를 존중하고 대가를 지불하는 것이 좋은 계획을 세우는 방법이다. 전문성이 필요한 부분에서 어설프게 직접 전문가가 되려 한다면 바로 본인이 그 공부를 처음부터 시작해야 한다. 그렇게 십 년 늙어가며 공부해서 지은 그 건물은 여전히 문제투성이일 수밖에 없다.

다행히 내가 만난 건축주들은 나를 존중하고 신뢰한 사람들이었다. 이 집도 바로 그런 사례다. 선물은 준비하고 만들고 전달하는 과정까지 행복해야 한다. 그러나 여러 명이 개입하여 무언가를 만드는 과정에서 갈등과 분쟁이 생긴다. 그런 문제를 해결하는 두 가지 방법이 있다. 하나는 건축가를 믿는 것이고 다른 하나는 건축주가 자신을 믿고 직접 뛰어드는 것이다. 앞의 사례가 이 책의 내용이고 뒤의 결과가 십 년은 늙었다는 한탄일 것이다.

건축가

단언할 수 있다. 건물 만드는 것은 어렵다. 건축가는 상상력만으로 건물을 지을 수 없다. 건물은 잉크와 물감으로 지어지지 않는다. 실행 과정에서 많은 이들의 관심이 뒤따르고 이해가 교차하고 간섭이 난무한다. 사는 이의 모든 것이 걸려 있다고 했을 때 그 '모든 것'은 결국 돈 문제로 수렴한다. 건물을 지을 때는 항상 공사비 압박을 받는다.

여기서 끝나지 않는다. 건물을 지으려면 허가도 받아야 하고 건물 규모가 커지면 심의까지 통과해야 한다. 근엄하고 즐비하게 앉아 있는 심의 위원들은 때로는 합리적이지만 때로는 무신경하다. 그들을 만족시키지 못하면 건물은 도시에 설 수 없다.

소설을 출간하는 데 구청 허가도 받고 장편소설은 심의도 통과해야 한다면, 곧 세상이 시끄러워질 것이다. 헌법에 보장된 표현의 자유가 침해받았다고, 문학과 민주주의가 죽었다고. 그리하여 누군가가 책임지고 퇴진해야 한다고 저녁 뉴스에 성난 목소리가 보도될 것이다. 영상 배경에서는 또 누군가가 분개한 얼굴로 삭발을 하고 있을 것이다.

그러나 건축가들은 군말 없이 허가를 받고 다소곳이 심의를 받는다. 도시는 공공의 영역이고 거기 세워지는 건축은 사적 자본으로 건립되어도 공공재라는 데 동의하기 때문이다.

건축가가 되려면 상상력이 필요하다. 미적 재능도 부여받아야 한다. 상대를 설득하는 논리적 사고력과 사회를 바라보는 통찰력도 갖춰야 한다. 구조와 재료에 대한 지식은 기본이다. 건축가는 때로 돈과 타협해야 하고, 기회를 판단할 줄 알아야 한다. 자주 운도 좋아야 한다. 이 모든 걸 타고난 이는 드라마에 등장해도 비현실적이다. 그런데 건축은 그걸 다 요구한다.

교향곡

"건축은 얼어붙은 음악이다."

멋진 말이다. 음악이 추상적 구조체라면 건물은 물리적 구조체다. 그런 점에서 건축은 얼어붙어 있고 음악과 유사한 구석이 있다. 이때 건축가는 작곡가에, 현장 소장은 지휘자에 가깝다.

피아노의 음역을 바이올린에게, 바이올린의 비브라토를 피아노에게 요구하는 악보는 무지하거나 용감한 것이다. 악기의 음색과 음역을 다 알아야, 화성의 조직을 다 이해해야, 음악의 구조를 주무를 수 있어야 교향곡을 작곡할 수 있다. 작곡가가 앉아서 쓱쓱 악보를 그려 협주곡이 탄생한다면 저 많은 습작을 남긴 브람스는 누구인가.

바이올린 활을 현에 문지르면 소리가 난다. 그러나 건축은 요술 램프가 아닌지라 아무리 도면을 문질러도 건물이 나오지 않는다. 시공이 필요하다. 시공이 연주다. 음악이 그렇듯 건축가의 의도를 이해한 현장 소장의 식견이 건물에 고스란히 투영된다.

그의 지휘 아래 바이올린이나 트롬본을 든 연주자가 아니라 철근 재단기와 쇠흙손을 든 작업자들이 움직인다. 아쉽게도 대개 그들은 건물의 완성도보다는 생업을 목표로 공사장에 나타나는 사람들이다. 그런 단원들을 통해 만족스런 음색의 교향곡을 만들기는 대단히 어렵다. 준공된 건물에는 완성의 뿌듯함보다

덮고 싶은 아쉬움이 크게 남는다. 그래서인지 건축가들은 대표
작을 묻는 질문에 짓지 않은 다음 작업이라고 둘러대곤 한다.

이 책에서는 집 짓는 데 어떤 사람들이 개입하는지, 어떤 과정
을 거쳐 집이 완성되는지 보여주려고 한다. 먼 땅, 제주도에 지은
집이 등장할 것이다. 환상의 분 냄새가 감도는 결과물이 아니고
속세의 땀 냄새가 선연한 작업 과정이 나타날 것이다. 도면과 스
케치 모두 원본 그대로 사용할 것이다. 도면의 계단 한 단이 건
물 전체를 흔든다. 비록 오보일지라도 일기예보에 그려진 우산
한 개가 공사 일정을 지연한다. 모두 설명할 것이다. 구구절절하
고 시시콜콜하게.

바다와 태양

바다

이메일을 받은 건 2014년 10월 27일이었다. 문장으로 전해지는 느낌은 준비를 오랫동안 했다는 것이었다. 가족 구성원의 특징이 잘 정리되어 있었다. 원하는 집의 모양도 있었다.

"화이트의 모던하고 입체적인 이층 주택."

일단 만나서 의기투합하여 거사를 도모할 수 있는지 재본다. 궁합 말이다. 합이 맞지 않을 것 같다면 아예 만날 필요도 없다. 건축가로 내가 기피하는 대상은 이미 답을 머릿속에 만들어놓은 사람이다. 스페인의 지중해풍이 딱 어울릴 것 같습니다. 독일 여행에서 보았던 그 건물 같은 분위기면 좋겠습니다. 뉴욕에 있는 유명한 건물인데 안 가보셨나요. 인터넷에서 봤는데 인상적이었습니다.

환자는 의사에게 증상을 객관적으로 자세하게 설명해야 한다. 그러면 의사는 필요한 검사를 하고 전문적인 진단을 하면 된다. 진료실에 들어서며 자신이 틀림없이 암에 걸렸다고 신음하는 환자는 의사의 판단만 흐린다. 그리고 그런 예단의 피해자는 본인일 따름이다. 나는 머릿속에 스스로 만든 진단서, 아니 투시도를 들고 있는 건축주를 굳이 만날 생각이 없다. 화이트의 모던한 주택을 지어달라는 것 같은.

답이 아니고 문제를 이야기해주세요. 내가 건축주에게 늘 하는 이야기다. 제시된 문제를 해결하다 보면 스페인풍이나 몽골풍이나 이도 저도 아닌 안드로메다풍이 나올 수도 있다. 답은 전문가가 내리는 것이고 그 전문가를 존중할 의사가 없는 사람의 집을 내가 설계하겠다고 나설 필요가 없다. 그런 취미 생활의 구색을 맞춰주겠다고 내가 건축의 길을 선택한 것이 아니다. 시간은 내게도 소중하다. 그런 이를 위해 내 시간을 낭비하고 싶지 않다. 잠시 주저했다. 그래도 건축주를 만나보겠다고 했던 것은 한마디 때문이었다.

"바다가 보입니다."

소란한 풍경

2014년 11월 6일, 건축주 부부를 처음 만났다. 버스 정류장에서 기다리고 있겠다고 했다. 먼 길이었다. 제주공항에서 내려 리무진버스를 타고 한 시간을 더 가야 하는 곳이었다. 버스는 황량한 정류장에 나를 뱉고 부릉 떠났다. 속초에 있는 줄 알았던 대포항이 서귀포에도 있었다.

이메일의 설명이 큰 도움이 되었다. 패션에 관심이 많다고 했다. 에디 슬리먼, 이세이 미야케, 가와쿠보 레이를 좋아한다고 했다. 모르고 만났다면 상당히 당황했거나 신기하게 보았을 복장의 남편이 등장했다. 저것은 바지인가 치마인가. 이마에 선글라스가 올라가 있었다. 검은 교복 입고 차려 자세로 중·고교를 마친 세대는 선택하기 어려운 의상이었다.

건축주는 어젯밤부터 설렜다며 반가워했다. 연예인을 만나려고 기다리는 기분이었다고 했다. 그건 옳다. 나와 이름이 같은 걸 그룹 가수도 있기는 하다. 내가 가끔 인터넷 검색어 순위에 오르는 것도 다 그 덕분이다. 일단 심성이 울퉁불퉁한 사람들은 분명 아니라는 느낌이었다. 궁합만큼 첫인상은 중요하다. 궁합은 첫인상의 종속변수일 수도 있다.

함께 땅을 보러 갔다. 미리 본 지적도의 대지 형상은 삼각형을 닮은 사각형이었다. 인터넷의 거리뷰로 보았을 때 경사를 확인했지만 실제 대지는 좀 더 복잡했다. 전면도로보다 많이 높았

1 대지에서 본 바다 쪽 전경.
2 중문에서 서귀포로 이어지는 전면도로에서 본 대지.
   대지 현황을 지적도와 맞춰보고 있는 모습이 사진에
   찍혔다.
3 지적도에서 가운데 동그랗게 표시된 부분. 삼각형도
   사각형도 아닌 곳이 바로 대지다.

다. 길도 땅도 평평하지 않았다. 간단히 요약하면 괴상하게 생긴 땅이었다. 집 지을 생각으로 이런 땅을 샀다는 것은 범상치 않은 선택이었다.

사실 건물 앉히기에 가장 곤란한 곳이 바로 평평하고 네모난 땅이다. 신도시에서 분양하는 택지들이 대개 그렇다. 아무리 둘러봐도 다 똑같이 생긴 땅이고 주변에는 아무것도 없다. 물이라면 맹물이고 종이라면 백지다. 자연이 만든 우아한 경사지를 기필코 쑹덩쑹덩 잘라 야만적 옹벽을 앞뒤로 세우고 평평하게 만드는 것이 한국 택지 개발의 정의인 듯도 하다. 이런 땅 위에 건물을 얹어야 할 때가 가장 당혹스럽다.

좋은 답은 훌륭한 질문에서 나오는 법이다. 소크라테스가 소크라테스인 건 그 절묘한 질문 때문이다. 그런데 평평하고 네모난 땅은 입을 굳게 닫고 있다. 필사적으로 아무 질문도 하지 않는다. 초면의 과묵한 상대는 얼마나 불편한 존재겠는가. 그에 비해 이렇게 경사 급하고 이상한 땅은 수다스럽게 많은 질문을 쏟아내는 중이다. 이런 나를 어떻게 하겠느냐고 궁금해하는 것이다.

"언덕 위에 위치해서 전경이 아름답고 맑은 날은 마라도와 동쪽으로 섭섬이 보입니다." 건축주가 이메일에서 한 이야기였다. 과연 바다가 보였다. 문제는 어떻게 보이냐는 것이다. 바다는 아득히 멀었고 간판, 비닐하우스, 전깃줄은 가까이 엉켜 있었다. 거짓말은 아니었다. 분명 바다가 보이기는 했다. 전경이 아름답다는 말에 동의하기 어려웠을 뿐이다. 기대 수준이 달라서 생긴 이해의 차이일 수도 있었다. 나를 여기 불러들이려고 던진 낚싯밥

이 아닌가 하는 억울한 생각도 들었다. 의심스런 증명사진을 들이밀고 틀림없이 착하다고만 강조하던 소개팅 주선자에게 낚인 느낌이기도 했다.

그러고 보니 이상한 동네였다. 이름은 대포항인데 함포 실은 군함이 아니라 어선만 정박해 있었다. 분명 말 목장이라고 쓰여 있는데 까치발을 해도 말도 목장도 보이지 않았다. 훤히 잘 보이는 건물에는 'Hidden Hotel'이라는 간판이 붙어 있었다. 항구가 지척인 식당인데 굳이 삼겹살을 팔았다.

보이는 풍경만큼 머릿속도 복잡해졌다. 날은 맑았는데 마라도와 섭섬이 보이는지는 확인도 질문도 못 했다. 대지 앞의 전신주들이 이미 훨씬 큰 목소리로 떠들어대고 있었기 때문이다. 바다가 보인다. 그런데 과연 바다가 보이는 건가.

화이트 모던

잠깐이지만 충분히 인상적인 대지 방문이었다. 곧 우아하게 중문의 커피숍으로 자리를 옮겼다. 건축주 부부는 내게 설계를 의뢰하기로 결심한 이유를 털어놓았다. 내가 제주도에 설계해 지은 '해심헌'이 마음에 들었다고 했다.

해심헌 때도 나는 좀 억울했다. 제주도라고 하기에 바다가 보이는 땅일 것이라고 지레짐작했었다. 그게 아니면 한라산이 한 뼘이라도 보이는 땅이어야 했다. 그러나 내가 끌려간 곳은 바다도 산도 보이지 않는 제주시 외곽이었다. 과묵한 택지 개발 지구 언저리였다.

그런데 이 건물이 본의 아니게 유명세를 타게 되었다. 준공 후 제주도에서 주는 건축문화대상을 덜컥 수상한 것이다. 게다가 제주도에 7대 자연경관을 동반한 관광 열풍이 불면서 일이 더 커졌다. 7이 문제였다. 제주도에서는 '아름다운 7대 건축물'인지 '7대 제주 명품 건축물'인지 명칭이 불분명한 걸 선정했다. 그런데 나도 모르는 새 해심헌이 여기 선정되었다.

그래서 이 건물 앞에서 사진을 찍어 내게 소위 인증샷을 보내는 사람들도 종종 있었다. 제주도를 오가다 보면 현수막, 가림막에 해심헌 사진이 대문짝만 하게 붙어 있어서 면구스럽기도 했다. 물론 건축가 이름은 나와 있지 않으니 내가 괘념할 일이 아닐 수도 있다. 어차피 그들은 건축이라고 써주어도 관광객 유치라고 읽을 터이니.

건축주는 해심헌을 직접 방문해서 보았다고 했다. 그리고 외부에 쓴 거무스름한 현무암이 인상적이었다고 말했다. 현지에서 '제주 돌'이라고 부르는 현무암을 좀 독특하게 사용했는데 그 내용을 다 알고 있었다. 그런데 '화이트의 모던'은 뭐지. 그 자리에서 화이트 모던을 물으니 손을 내저었다. 그냥 의견일 뿐 요구 사항은 아니라고 했다.

©박완순

제주시에 지은 해심헌海心軒.

본의 아니게 건물이 유명세를 타면서 방문
기념사진을 찍어 내게 보내오는 사람들도
꽤 있다.

고약한 요구

맞선 자리가 대개 그럴 것이다. 덕담이 끝나면 객관적인 사실 정리가 필요하다. 호구조사라고도 표현한다. 건축주의 가족은 모두 여섯 명. 부부와 두 딸, 장인과 강아지가 있었다. 강아지가 애완동물이 아니라 가족인 집이 있는데 이 집이 바로 그런 집이었다.

건축주 부부는 과거에 대학 동기였고 지금도 같이 일한다. 1년에 설과 추석 이틀만 쉬는 자영업자다. 오전 7시에서 오후 7시까지 이어지는 고강도 근무다. 그렇게 20년 넘게 살았다. 그래서 이제는 수고한 자신들에게 선물로 줄 집을 짓고 싶다고 했다. 선물을 받을 자격이 있다는 생각이 들었다.

부부라 닮는 건지 닮은 사람이 부부가 되는 건지 모를 일이다. 전혀 다르게 생긴 두 남녀가 앞서거니 뒤서거니 서로 비슷한 이야기들을 쏟아내고 있었다. 들을수록 흥미로웠다. 그리고 신기했다.

남편은 일요일 오전에는 일하고 오후에는 가끔 윈드서핑을 한다. 집 안에 별 가구도 없고 책도 없다. 부인은 저녁은 꼭 집에서 먹고자 하는데 그렇다고 요리를 좋아하는 것도 아니다. 조리 도구도 별게 없으니 부엌이 클 필요도 없다.

두 사람이 공유하는 취미가 있다면 청소다. 그래서 펜던트 램프를 아주 싫어한다. 거기 먼지가 쌓여 있을 게 뻔한데 그걸 쉽게 닦지 못하면 그것도 스트레스다. 심지어 세차도 취미다.

일터는 남쪽 끝에 있지만 사는 곳은 북쪽 끝 제주시의 아파트다. 제주도의 거리감은 육지와 많이 다르다. 20분 통학 거리여도 하숙집을 알아보는 곳이 제주도다. 제주도를 남북으로 종단하며 매일 출퇴근하는 건 내가 알기론 대단히 희귀한 사례였다.

시선재. 건축주는 짓지도 않은 집의 당호까지 내밀었다. 당호라면 당연히 집과 삼라만상의 관계를 짚는 심오한 철학을 품고 있는 것이 우리 전통이다. 그런데 이 당호는 허를 찔렀다. 시선재는 영어 단어의 한글형 조합이었다. 밖에 바다(sea)와 해(sun)가 있는 집. 발음을 정확히 한글로 옮기면 '씨썬재'가 될 것이다. 당황스럽지만 유쾌한 제안으로 일단 머릿속에 접수했다.

가족 구성원도 범상치 않았다. 대학생인 두 딸은 서울에 살고 있고 방학에만 내려와 지낸다. 평범했다. 그런데 집에 내려오면 부모와 한방에서 같이 잔다. 이건 평범치 않았다.

특별한 조건은 또 있었다. 장인의 무릎이 좋지 않아 계단 한 단 오르는 것도 싫어하신단다. 그래서 아무리 맛있는 집이어도 계단이 있으면 갈 수 없다. 분명 이게 두드려 깨야 할 화두였다. 성질 고약한 건축과 교수가 2학년 학생들에게 요구한 설계 과제 같기도 했다.

> "경사가 급한 땅에 계단을 싫어하는 사용자를 위한
> 주택을 설계하시오."

세 치 혀

옷 만들려면 입을 사람의 체격을, 구두 만들려면 신을 사람의 발 크기를 알아야 한다. 집을 지으려면 필요한 면적을 먼저 확인해야 한다. 건축주는 40평 정도를 이야기했다. 대개는 현재 살고 있는 아파트 크기와 비슷한 면적을 상정한다. 그러나 이 계량 방법에는 엄청난 문제가 숨어 있다.

우선 계량 척도에 대해 잠시 화풀이를 하고 가야겠다. 대한민국 정부는 미터만을 계량 단위로 인정하고 있다. 그래서 면적을 '제곱미터'로만 측량, 계산, 기록해야 한다. 우리에게 익숙한 '평'은 대한민국에서는 공식 단위가 아니다. 물론 공문서상의 이야기다. 문제는 제곱미터가 평보다 발음하기 훨씬 어렵다는 것이다. 그래서 여전히 현실에서는 평으로 쓰되 텔레비전 뉴스에서만 '삼쩜삼 제곱미터'라고 발음하는 희극이 벌어지고 있다. 그게 정확하지도 않다. 굳이 정정해준다면 '약 삼점삼 제곱미터'거나 '삼점삼공오팔 제곱미터'가 옳겠다.

이 공식적 단위는 혀를 앞뒤로 분주히 움직여야 발음이 된다. 입 속의 혀 놀리듯 자유롭다는 말이 있기는 하다. 하지만 사람들은 입 속의 혀를 움직이는 것도 귀찮아한다. '물냉면'은 '물랭', '짜장면 곱배기'는 '짜곱'으로 줄일 만큼 게으른 것이 우리의 혀다. 발음을 바꾸기도 한다. '선농탕'이었던 것을 우리는 '설렁탕'으로, '버터'를 미국인들은 '버러'라고 바꿔 부른다. 다 세 치 혀가 한 치라도 편해보겠다고 부리는 꼼수다. 그런데 '삼쩜삼 제곱미터'라니.

대안이 되는 명칭을 만들고 제정하지 않는다면 제곱미터는 정부의 원칙과 안내에도 불구하고 전혀 유통될 가능성이 보이지 않는다. 그래서 신문 광고에는 그냥 P라고 쓰거나 숫자만 올려놓는 경우도 생겼다. 면적이 갑자기 비중으로 바뀌는 비과학적 사건이 벌어지는 것이다. 우리도 관공서에 제출할 서류에는 훌륭하게 제곱미터로 써서 냈다. 그러나 건축주도, 작업팀도 일상에서 훨씬 더 유연하게 '평'만 썼다. 이제 건축주의 이야기에서 숨은 면적을 찾아보자.

범죄 현장

아파트는 범죄 현장이었다. 발코니라는 곳에서 벌어진 사건이다. 손에 칼 든 괴한이 아니고 '샷시(새시)'라고 부르는 유리벽이 범인이었다. 원래 발코니는 아파트의 외부 공간으로 남기로 한 곳이다. 또 그래야 발코니가 맞다.

문제는 모든 입주민이 준공 후 일제히 샷시 가게에 전화를 했다는 것이다. 이 순간 발코니는 건축법상 면적에 산입되어야 하고 등기를 바꿔야 하고 부과되는 재산세가 올라가야 한다. 이 집은 증축을 한 것이다. 구청에서 철거를 요구하고 이행강제금을 부과할 사안이었다. 그러나 별일이 없었다. 아마도 이를 단속하거나 행정지도해야 할 사람들도 그렇게 살았을 것이다. 전화받은 샷시 가게가 다 달라서 아파트 외관은 자유방임 사회가 구현한 춘추전국시대가 되었다.

국민의 뜻이라면 수용해야 민주국가 맞다. 그래서 고고히 법을 지키면 바보가 되는 전통을 따라 불법이 합법으로 바뀌었다. 서비스 면적이라고 불렀다. 요즘 아파트 분양 모델하우스에서는 이곳을 아예 내부 공간으로 만들어놓는다. 그리고 원래 벽이 있어야 할 위치에는 바닥에 테이프만 붙여놓는다. 발코니는 존재하나 존재하지 않는다. 눈앞에 있고 시공비에도 포함되나 법적 문서에는 없다.

재건축, 재개발 사업에서 가장 중요한 쟁점이 용적률이다. 지표 위에 어느 정도의 바닥 면적을 허용하느냐는 것이다. 이건 사업성과 직결되는 문제라 치열한 격전이 벌어진다. 조합장은 높은 용적률을 요구하고 지자체장은 낮은 용적률로 제한하려 든다. 사업성, 형평성, 현실성, 공익성의 칼을 손에 집히는 대로 들고 서로 부딪친다. 그래서 220퍼센트냐, 230퍼센트냐를 놓고 지루하게 다투고 겨루고 구속되고 해산된다. 그런데 여기 살짝 숨어 있는 것이 바로 이 발코니라는 서비스 면적이다.

아파트 광고에서 33평형이라고 쓰인 모델의 평면 설명을 자세히 들여다보자. 앞뒤 발코니 모두 터서 서비스 면적 무려 10평이라고 적힌 사례는 부지기수다. 이게 용적률 계산에 말끔하게 빠져 있다. 용적률의 샅바 싸움은 누굴 위해 왜 했을까.

가시밭길

실제로 고려해야 하는, 그래서 요구되는 공간은 건축주가 생각한 면적보다 훨씬 더 넓다. 생활 방식의 변화 때문에 공간이 더 필요해지기 때문이다. 대개 주택을 짓는 곳은 대중교통으로 접근하기 어렵다. 그래서 자동차 의존도가 높다. 닦고 조이고 기름칠하기를 게을리하면 장보기도 어려워진다. 결국 주차장에 덮개를 올리는 경우가 적지 않다. 이것도 면적 산정 시에 고려해야 한다.

마당 있는 주택에 이사했다고 소문이 나면 주말마다 사람들이 몰려온다. 눈치를 줘도 커피 한 잔만으로는 떠나지 않기로 작심한 군상들이다. 굳이 불 지피고 바비큐를 해 먹어야 방문이 완성된다고 우긴다. 그릴도 장만하고 숯도 쟁여놔야 한다.

마당은 개념상 정원과 밭 사이의 공간인데 한국인들은 특히 밭에 가깝게 인식한다. 정원이라 하더라도 구석 어딘가에서는 기필코 상추, 고추가 자란다. 땅을 일궈야 하니 모종삽과 갈퀴가 있어야 하고 물 줘야 하니 호스와 주전자도 필요하다. 재 묻고 흙 묻는 이 장비들을 보관하기 위해 외부에 창고가 필요하다. 아파트에는 존재하지도 필요하지도 않던 공간이다. 주택은 아파트보다 훨씬 더 큰 면적이 요구되는 주거 형식이다.

면적이 중요한 이유는 공사비 추산의 근거이기 때문이다. 공사비를 가늠하기 위해서 일상적으로 쓰는 단위가 평당 공사비인 것은 곱셈하여 공사비를 추정하기 쉽기 때문이다.

이메일에서 건축주는 설계비나 각종 세금 등을 제외하고 순수 건축 공사비로 2억 원 정도를 이야기했다. 가능하지 않은 금액이다. 누군가 이 금액에 집을 지어주겠다고 했을 수도 있다. 그러나 세상의 계산은 간단하다. 막상 공사를 시작하면 몰랐냐는 투로 그 금액에서 제외되었던 것들이 마각을 드러낸다. 커지기 시작한 배꼽이 배보다 커지기 시작하면 집은 사악한 마귀가 되면서 건축주의 인생을 갉아먹기 시작한다.

만난 자리에서 건축주는 주차장 공사비를 제외하고 3억 원 정도로 예산을 수정했다. 여전히 자신할 수 없는 금액이다. 경험에 의하면 제주도의 공사비는 육지보다 적게는 10퍼센트, 많게는 30퍼센트 더 든다. 게다가 이 예산에 동의할 시공사를 구할 수 있을지도 알 수 없는 일이다.

살아보니 빨간 주단을 깔아놓은 탄탄대로는 어디에도 없더라. 보기에 장미꽃길이어도 디디면 가시밭길이다. 그런데 이 일은 딱 봐도 가시밭길이되 장미꽃은 보이지도 않았다. 대지는 괴상했고 바다 풍경은 번잡했다. 계단 조건은 모순적이었고 예산은 초저가였다. 가시덩굴과 엉경퀴가 우거진 길이 뻔했다. 그럼에도 건물을 설계하겠다고 했다. 마지막 주문이 인상적이었기 때문이다. 집에 대한 기대였다.

대지 전면도로는 2차선이기는 하지만 중문에서 서귀포 가는 간선도로다. 서귀포에서 제주공항까지 가는 리무진버스가 지나간다. 얼굴로는 하나도 안 닮은 두 사람이 함께 이야기했다.

"집이 그 길에서 눈에 확 띄었으면 좋겠어요."

집과 스케치

면죄부

"어떤 집에 사세요?"

외부 강의를 나가면 많이 듣는 질문이다. 사진 속 건물들은 모두 화려하고 우아하다. 당연하다. 그런 사진만 골라 쓰기 때문이다. 하늘은 청아하고 빛은 따사로운데 벽은 정갈하며 공간은 단아하다.

그런 사진을 보여주는 자에게 궁금증을 갖는 것도 당연하다. 심정을 이해한다. 요리사는 집에서는 뭘 어떻게 해 먹고 살까. 의사는 배 아플 때 어떤 약을 먹을까. 요리사의 입에서 라면이라는 답을 기대하지 않기에 대답은 대개 실망으로 이어진다. 서로 민망하기도 하다. 아파트요.

네가 먹는 것을 말하면 네가 누군지 알려주겠다는 이야기가 있다. 어떤 집에 사느냐는 것은 어떤 인생을 사느냐는 질문이다. 건축가에게는 더 진지하고 절실한 답이 요구된다. 내가 아파트에 사는 이유는 도시에 대한 질문과 연관이 있다.

도시는 무엇일까. 도시는 왜 생겼을까. '도시는 잉여의 결과'라고 진단하는 학자도 있다. 내 판단은 다르다. 인간은 잉여 소모가 아니고 소유 교환을 위해 도시를 만들었다. 인간은 잉여가 부족할 때에도 소유를 교환했다. 이동 거리를 줄이기 위해서 도시가 필요했다. 혹은 그 결과가 도시다.

나는 뽀족하던 토기의 바닥이 평평해진 것이 잉여의 흔적이라고 짐작한다. 그리고 그 잉여가 토기에 담기 어려울 정도로 많아지자 창고가 필요해졌을 거라 추측한다. 정착 농경시대일 수밖에 없다. 그걸 서로 빼앗고 감추기 위해 계급을 만들었다. 잉여가 만든 것은 도시가 아니고 창고와 계급이다.

가장 경제적인 교환을 위해서 이동 거리를 줄여야 한다. 혹은 이동이 원활해야 한다. 사람이 이동하고 물품을 실어 날라야 한다. 그래서 도시는 도로를 기반으로 한다. 그리고 도로에 밀착된 상업 시설이 도시의 핵이 된다.

좋은 도시는 무엇인가. 기능적으로 말하면 교환의 경제성을 확보해주는 도시다. 말하자면 가장 좁은 면적에 가장 높은 밀도로 모여 사는 것이다. 물론 그 밀도의 적정치가 있다. 숨 막히도록 과밀해서는 안 된다. 그러나 현재 우리의 평균 밀도는 적정치보다 훨씬 낮다. 즉 넓은 면적에 낮은 건물을 많이 지어 토지의 효용이 낮다는 것이다.

좁은 면적의 고밀 도시가 갖는 의미는 자원의 이용과 관련이 있다. 우리는 우리가 만들지 않은 것을 얼마나 소유하고 소비할 권리가 있느냐. 땅을 포함한 자연 자원을 얼마나 배타적으로 점유하고 방만하게 불태워버릴 수 있느냐. 인간이 모여 살면 이 세상에 살면서 쓰다 버리고 가는 게 줄어든다. 확실히 효율적이다.

내 강의를 들은 후 내게도 자동차가 있다는 이야기를 듣고 깜짝 놀라는 사람도 있었다. 나는 교과서 여백을 자동차 그림으로 채우면서 놀던 학생이었다. 나는 여전히 인간이 만든 이 위대한

기계적 성취에 감동하곤 한다. 그래서 그냥 바퀴 달린 이동 수단
으로서의 자동차가 아니고 집요한 디자인의 기계적 결과물로서
자동차에 집착해왔다.

그러나 화석연료를 길에서 마구 불태우는 것에 대한 죄책감도
있다. 나는 보리수 아래서 지구를 구해야겠다고 깨달은 선지자
가 아니다. 단지 일용할 양식에 허덕거리는 피조물일 따름이다.
하지만 최소한의 면죄부를 구하며 살려고 한다. 그래서 시내를
다닐 때 자동차를 거의 타지 않는다. 집과 학교를 지하철로 이동
할 수 있다는 점에 감사하면서. 그래서 아파트에 산다.

스펀지 아파트

아파트를 지겨워하는 사람들이 많아졌다. 아파트는 기능은 있으나 감정이 없는 주거다. 식사로 치면 정찬이 아닌 끼니에 가깝다. 그러나 아파트와 주택의 가치관적 이분법은 별 의미가 없다. 모두 하고 싶은 이야기가 있으며 결국 취향, 생활관, 가치관의 문제일 따름이다.

주택이 아파트가 되면서 단호하게 버린 것이 마당이다. 아파트가 버린 마당에 대한 향수는 크다. 나는 아파트 꼭대기의 소위 펜트하우스라는 것이 바로 마당 있는 아파트에 가깝다고 생각한다. 그것이 비싼 이유는 공사비가 아니고 입주 수요가 높기 때문이다. 아파트 매매 시장에서는 그 수요의 가치를 프리미엄이라고 부른다. 번역하면 '웃돈'이 될 것이다.

마당이 있는 집이 주택이다. 그러나 거기 살기 위해서 치러야 할 대가가 당연히 있다. 끊임없이 관리해야 한다. 쓸고 닦고 뽑아야 주택이 유지된다. 흉흉한 세상이니 방범에 대한 우려도 있다. 서울 근교의 신도시 주택 단지에 가면 마당은 있으되 아파트와 다르지 않은 배타적인 동네 풍경을 만난다.

매일 저녁 은수저 놓인 만찬으로 일상을 유지할 수 없다. 그렇다고 플라스틱 김치 통 꺼내놓고 계란 푼 라면으로 때우는 식사를 모범으로 생각할 수도 없다. 대안이 필요하다. 그 대안은 주거 시장이 아닌 건축가가 내야 한다는 것이 내 생각이었다. 시장은

모든 집에 마당이 있는 아파트.

구조물보다 내구 수명이 짧은 설비들은 수리와
교체가 용이하도록 모두 한곳으로 모아 배치한다.
이들은 모두 건물을 받치는 구조체에 포함되어
있어서 사용자의 요구에 따라 평면을 자유롭게
바꿀 수 있다.

수용과 거부 의사를 밝힐 따름이다.

　나는 실제로 마당이 있는 아파트를 그리고 제안해왔다. 스펀지 같은 모양이다. 시장이 받아들이면 시행할 것이다. 아니면 지금 같은 아파트가 지어질 것이고.

밀봉 공간

사람에게 필요한 공간의 적정 크기가 있다. 좁으면 문제지만 크다고 더 좋은 것도 아니다. 몸에 맞는 옷 치수가 있는 것처럼 공간에도 적절한 크기가 있다.

가족 구성원들의 생활 방식에 맞게 공간이 교직되어야 한다. 칩거를 가장 편안해하는 가족이 있다. 멋있는 영어 단어로 표현하면 '프라이버시'겠다. 그러나 사적 자유를 거뜬히 무시해버리고 손님이 끊이지 않는 집도 있다. 초인종 소리에 소스라치는 가족과 동네 꼬마들이 아무렇지도 않게 물 마시러 들어오는 가족의 공간 조직이 같으면 곤란하다. 아파트는 이걸 무시해왔다. 무시할 수밖에 없었다. 라면은 그런 것이다. 먹는 이의 개별적 입맛을 존중하지 않는다.

생활 방식과 공간의 관계는 어느 주택에나 당연히 해당되는 문제다. 사실은 주택이 아니고 모든 건물에 다 적용되는 조건이다. 그래서 건축은 사회를 담는 그릇이어야 하고, 건축의 가치는 조직된 사회의 모순을 드러내 공간으로 대안을 제시하는 것이라는 게 내 오랜 주장이다. 가족은 우리가 경험하는 가장 작은 사회다.

공간을 그 가족에 맞게 조직하려면 현재 그들이 어떻게 살고 있는지 파악해야 한다. 가장 직접적이고 좋은 방법은 집을 방문해서 관찰하는 것이다. 그런데 적지 않은 주부들이 외부인의 자택 방문을 부담스러워한다. 검진하려는 의사 앞에서 옷을 벗기 불편하다는 것과 같은 맥락이겠다. 게다가 직접 방문할 때 생길 수 있는 문제 중 하나는 현재의 생활 환경이 설계에 필요한 상상 력을 구속할 가능성이다.

내가 선택하는 대안은 사진이다. 요즘은 휴대 전화기에도 카 메라가 붙어 있다. 아니 오히려 카메라에 통화 기능이 붙어 있다 고 하는 것이 옳기도 하다.

이 집에서도 사진을 받았다. 별거 없다며 보낸 거실 풍경에 동 의할 수 있었다. 멋있게 표현하면 "청빈하다"고 일상적으로 표 현하면 "썰렁하다"였다. 이것은 아주 중요한 단서였다. 아무것도 없이 썰렁한 집.

아파트가 주거의 유력한 대안으로 자리 잡으며 강요된 문제가 하나 있다. 주거 공간을 밀폐된 방의 조합으로 만들었다는 것이 다. 아파트는 제한된 면적에 최소한의 재료로 최대한의 주거 밀 도를 확보하려고 만든 주거 형태다. 초기에는 기둥을 세우고 바 닥판을 얹는 아파트도 짓긴 했다. 그런데 곧 기둥이 아닌 벽이 바닥판의 하중을 받는 방식으로 급속히 바뀌었다. 층의 높이를 낮추면서 훨씬 더 싸게 지을 수 있기 때문이다.

그런데 이때 벽은 하중을 받아내면서 공간을 분할하기도 한 다. 하중을 잘 받으려면 벽이 많아져야 한다. 이건 곧 공간이 작 게, 구체적으로, 많이 분할된다는 것이다. 그래서 우리의 아파트 는 사각형 방의 조합이 되었다. 방은 인접 공간과 문 하나로만 연결되었다.

아파트에서 모호한 공간은 완벽히 사라졌다. 아파트는 외부로부터 밀봉되어 있다. 그리고 내부에도 밀봉된 방들을 거느리고 있다. 그런데 과연 이 평면이 한국 사회, 한국 가족에 잘 맞느냐.

교수 권력

학교에서 진행하는 교양 강의 중 '인문학적 건축학'이라는 거창한 이름의 수업이 있다. 교양 강의답게 다양한 전공의 학생들이 듣는다. 건축과 학생은 별로 없고 그들에게 추천하지도 않는다. 매 학기 수업을 하다가 어느 순간 좀 손해를 보는 기분이 들었다. 100명이 넘는 이 다양한 수강생에게 나도 뭔가를 캐내고 얻어야 공평하겠다는 좀 야비한 생각이 든 것이다. 그래서 조사를 하기 시작했다. 내게는 흥미롭되 학생들에게는 골치 아픈 조사다. 물론 과제로 제출해야 한다.

가족은 균질한 인격체들의 집합이 아니다. 뚜렷한 위계를 지닌 구성원들이 모여 이룬 작은 사회 체계다. 이것이 전제다. 구성원들은 자신의 위계에 따라 공간을 달리 점유한다. "자신의 집에서 가족 구성원의 권력 관계가 어떻게 공간의 점유로 표현되는지 분석해서 제출하시오."

숙제는 쉽지 않다. 인터넷을 뒤져서 완성할 수 있는 숙제가 아니다. 참고할 문헌도, 들춰 볼 답안지도 없다. 자신의 집에서 본인의 눈으로 보아라. 멍하게 보지 말고 꼼꼼히 살펴라. 현관의 신발과 화장실의 칫솔도 뭔가를 이야기할 것이다. 보려 해야 보이고 들으려 해야 들린다. 그간 여러분의 눈은 장식품이거나 기껏해야 감각기관이었다. 이 관찰 연습으로 여러분의 눈이 분석과 판단 기관으로 바뀔 것이다. 여러분은 양서류에서 인간으로 진화할 것이다.

서술 조건도 요구한다. 과제 보고서가 무엇인지 생각해라. 앞으로 여러분이 어딘가에 제출할 보고서는 본인이 없는 데에서 본인을 설명하고 표현하는 도구다. 읽는 사람의 입장에서 써라. 그는 지금 비슷한 문서를 100개 넘게 읽어야 한다. 한가하지 않다. 자신이 누구인지 구차하게 설명하지 말고 단호하게 과시해라. 간단하고 명료하게 주장해라. 문장을 배설하지 마라. 깔끔하게 정리해라. 읽는 자의 눈에 귀에 쏙 넣어줘라.

제출 조건은 까다롭다. 맞춤법이 틀려도, 문장이 비문이어도, 페이지 레이아웃이 깔끔하지 않아도, 표지가 없어도 모두 감점이다. 스테이플러로 무신경하게 찍어 제출해도, 재활용이 어려운 비닐 커버로 덮어도 안 된다.

이것이 대학에서 공부해야 할 내용이다. 따르지 않으면 감점한다. 국가의 권력은 국민에게서 나온다고 했다. 교수의 권력은 학점에서 나온다.

가족 권력

결과는 이미 흥미롭다. 사례는 다양했다. 행복한 가족은 다 비슷하고 불행한 가족은 다 제각각이라고 진단한 이가 톨스토이다. 그의 잣대로 재면 한국의 가족은 불행한 쪽에 대거 몰려 있다. 죄 달랐다.

안방을 부모가 쓰는 경우가 가장 많았지만 고3 수험생의 공부방으로 쓰는 경우도 꽤 있었다. 거실이 곧 아버지의 공간인 집도 적지 않았고 거실의 소파가 어머니의 방 역할을 하는 집도 있었다. 거실 풍경은 아파트 설계자들의 의도나 상상과는 많이 달랐다.

우리는 한쪽 벽에 텔레비전, 다른 쪽 벽에 소파가 있는 그림을 대한민국 거실의 표준 풍경으로 이해한다. 그러나 우리는 그 매뉴얼대로 살고 있지 않았다. 텔레비전을 켤 때 소파 위에 앉아 있던 사람들은 슬그머니 바닥으로 내려와 앉는다. 가구로서 소파를 분류하면 한국에서는 의자보다 등받이에 가깝다. 그래서 대개 거실 바닥에는 널찍한 깔개가 있다. 그 깔개가 거실 내부의 방이다.

텔레비전 리모컨의 소재지가 권력자의 자리다. 식탁에서도 텔레비전이 보이는 자리가 권력자의 것이다. 화장실 사용 우선권이 권력 우선권이다. 안방은 부모의 공간이 아니고 권력자의 공간이다. 단지 부모가 권력자일 경우가 가장 많을 따름이다.

강아지들은 오줌을 눠서 자기 영역을 표시한다고 했다. 요즘 사람들은 휴대 전화 충전기로 자신의 영역을 표시한다. 컴퓨터 모니터 방향이 아들의 사적 공간을 규정한다. 안방, 부엌, 거실은 기능상 구분하는 것이 모호하고 무의미하다. 한국 사람들은 참으로 유연하게 공간을 사용하고 있었다.

이 과제에서 발견한 것은 밀봉형 주거 공간이 거실 소파만큼이나 한국 사람들에게 잘 맞지 않는다는 사실이다. 중·고등학생 자녀 방이 아니면 방문을 닫는 집도 많지 않았다. 그런데 심지어 우리의 건축주는 방학에 내려온 대학생 두 딸이 부모와 같은 방에서 잔다고 했다. 하나도 이상하지 않았다. 오히려 이상한 것은 방을 잘게 나누고 방문을 닫아놓는 것이다.

노동력 징발

지금 내 앞의 건축주는 자신의 집을 꿈꾸고 있다. 부부가 내게 부탁한 것은 물리적 구조물이라기보다 마음에 간직해왔던 꿈의 실현이다. 그런 꿈은 항상 소중하다.

건물 설계는 혼자서 진행할 수 있는 일이 아니다. 내가 쓱쓱 스케치를 할 수는 있다. 그러나 결국 이걸 모형으로 검토하고 정밀하게 그려 치수를 점검해야 한다. 게다가 실제로 짓기 위해서 공사장에 전달할 도면도 필요하다. 여기에는 구조, 기계 설비, 전기 설비 등이 포함된, 엔지니어가 그린 도면도 첨부된다. 이들이 그린 도면이 건축 도면과 잘 맞는지도 점검해야 한다.

공사 현장은 난장판이다. 잘해봐야 북새통이다. 이런 현장에서 설계 도면을 들여다봐야 한다. 모순 없이 정확하고 보기도 편하게 정리된 도면이 필요하다. 엉뚱하게 시공한 후 "그런 도면이 있는지 몰랐네요" 하는 이야기가 들리는 곳이 공사 현장이다. 그래서 작은 주택 설계에도 작업팀이 필요하다. 내 경우 우선 징발되는 이는 대학원생들이다. 이들은 건축가가 되겠다고 작심한 학생들이다. 그래서 건물 짓는 과정을 경험하는 건 중요한 자산이 된다.

건물은 도시 안에서 공공재 역할을 하므로 마음대로 지을 수 없다. 법적 허가와 사용 승인도 받아야 한다. 이를 위해서는 정부가 부여한 건축사 자격도 필요하다. 경험 있는 실무 담당자가 절실한 이유다.

건축사 자격이 없는 사람이 스스로를 건축사라고 하면 건축
사법 위반이다. 그러나 건축가는 법적 규정 대상이 아니다. 굳이
말하자면 건축가는 건축설계를 직업으로 삼는 사람이다. 대개는
건축사지만 건축사가 아닌 경우도 적지 않다. 건축 역사에 이름
을 남긴 사람들은 자격증이 없던 시대에 살거나 자격증을 무시
한 사람들이다. 그래서 건축가라고 부른다. 그들은 자격증과 관
련 없이 건축설계를 업으로 했던 사람들이므로. 설계는 농부나
목수도 할 수 있다. 문제는 지으려고 할 때 발생한다. 모호하게
건축가여도 막상 법적으로 건물을 지으려면 건축사 자격과 건축
사 사무소가 필요하다.

항상 해오던 대로 실무를 담당할 두 명의 프로가 기다리고 있
었다. 이미 설계 사무소의 소장과 실장인 이들은 모두 내 연구실
의 대학원생이었다는 어두운 과거가 있는 실무진이다. 작업팀이
꾸려졌다.

작업팀도 대지가 어떻게 생겼는지 직접 확인해야 한다. 건축
주를 만난 뒤 꼭 일주일 후 작업팀과 함께 대지를 다시 방문했
다. 대지가 제주도니 업무상 방문도 들뜬 소풍 같았다. 여전히 대
지는 가파르고 바다는 산만했다. 모두 대지 앞을 지나는 전깃줄
과 전신주를 성토하고 비난했다. 바다는 그 너머에 보였다.

환상과 현실

가위와 창

처음. 이 단어에는 무장해제의 마력이 있다. "눈이 왔다"와 "첫눈이 왔다"는 전혀 다른 말이다. '처음'은 기쁨과 설렘의 에너지가 충만한 순간이다. 그런 에너지가 없으면 그건 그냥 시작하는 것에 불과하다. 성서의 첫 단어는 "태초에"로 번역되어 있지만 이를 쉽게 옮기면 "처음에"가 되겠다. 처음은 창작의 순간이다. 신비한 순간이다.

건물도 이렇게 시작해야 한다. 건물을 설계할 때 가장 즐거운 때가 아이디어를 모으는 순간이다. 이 건물의 존재 의미를 고민하는 때다. 풀어야 할 문제가 있고 찾아야 할 가치가 있다.

손을 움직이기 전에 머리를 정리해야 한다. 질문을 명료히 하고 거기에 맞는 답을 궁리하는 것이다. 언제 어떻게 아이디어가 생기는지는 알 수 없다. 때로는 불가의 참선처럼 사위가 조용한 묵언 수행 중에, 때로는 저잣거리를 방황하다 스치는 찰나의 순간에 아이디어가 떠오른다. 차근차근 논리를 풀다 보면 드러나기도 한다. 어쩌면 불현듯, 과연 도적과 같이 오기도 한다.

바다가 보인다. 질문은 이것이다. 바다는 뭘까. 우리의 질문은 해녀나 선원의 답을 요구하는 것이 아니다. 우리는 왜 바다를 보는가. 바다에 가서 우리는 뭘 보는가. 바다를 바다로 만드는 것은 무엇인가. 빼내면 더 이상 바다가 아니게 되는 그것은 무엇인가. 답은 한 단어로 귀결된다. 수평선.

바다를 보는 것은 수평선을 보는 것이다. 바다를 보기 위해 저 경치를 미주알고주알 다 눈에 담을 필요가 없다. 생각 없이 펼쳐진 근경을 다 잘라내고 수평선만 남겨서 보여주면 된다. 그것이 이 집에서 찾을 가치다.

포토샵에서는 가위처럼 이미지를 오려낸다. 인화한 사진이라면 실제 가위로 사진을 오린다. 사진기라면 들이대는 파인더의 방향을 조절하고 줌을 이용해 풍경을 자른다. 집에서는 창문의 방향과 크기를 통해서 잘라낸다. 어수선한 경치는 벽으로 막고 내가 보고 싶은 풍경만 남겨놓을 것이다. 저 먼 수평선을 제외한 경치는 모두 잘라낼 것이다.

수평선이 가장 중요하지만 바다는 수평선만으로 완성되지는 않는다. 하늘이 그 위에 얹혀야 한다. 하늘에는 형태와 재료가 없고 크기와 색깔이 있다. 이 집의 창은 아마 나뉠 것이다. 수평선을 담는 창과 하늘을 담는 창. 창이 하늘을 고스란히 담는다면 남서쪽의 태양이 쏟아붓는 엄청난 열에너지도 밀려들 것이다. 현실적으로 고려해야 할 사안이다.

수평선을 가로막고 굳건히 서 있는 전신주는 가위로 자를 수 없다. 결국 판단을 해야 했다. 건축 외적 판단이다. 제주도의 가치를 한 단어로 말하자면 '청정'이다. 제주도의 맹물이 맹렬하게 팔리는 것도 청정 이미지의 힘이 크다. 제주도는 환경 중심의 정책 기조를 유지해야 하고 아마 그렇게 할 것이다.

내가 이전에 제주도를 들락날락하면서 든 의문점은 도대체 언제까지 육지와 똑같이 매연 내뿜는 차를 허용하겠느냐는 것이었다. 휘발유 차를 줄이다 결국 없애야 하지 않겠느냐고 생각하고 있었다. 태양광, 풍력 발전기도 더 확충해야 할 것이다. 전역을 보행자, 자전거 친화 공간으로 바꿔나가야 할 것이다.

저 난잡한 전신주를 그냥 놔두고 제주도의 청정 이미지를 끌고 가기는 어렵겠다. 아마 제주도 전역의 전신주를 지중화할 것이다. 전신주는 결국 사라질 것이다. 이 집은 전신주보다 더 오래 그 자리에 있을 것이다. 언제일지는 알 수 없다. 결국 이 집은 저 전신주들이 사라지는 순간에야 완성될 것이다.

묘수풀이

이제 슬슬 그림을 그려보자. 이 땅의 차별적 가치는 이미 건축주가 본 것 그대로다. 바다가 보인다.

바다는 보이는데 인색하게 보이고 그 앞의 경치는 번잡하다. 바다가 깔끔하게 잘 보이도록 하기 위해서는 건물이 최대한 높이 올라가야 한다. 경사가 이미 급한데 높은 곳으로 올라가면 계단의 필요성이 더 커진다. 그런데 가족 중에 계단을 오를 수 없는 사람이 있다. 이처럼 경사가 급한 땅에 계단이 없는 동선을 하나 확보해야 한다. 나는 이런 어려운 문제가 고맙다. 나는 덧셈 문제 말고 미분방정식을 풀고 싶다.

묘수풀이가 필요하다. 다행스런 점은 풀어야 할 문제가 뚜렷하다는 것이다. 남은 건 풀어내는 일뿐이다. 디자인은 보기에 멋있는 형태를 만드는 게 아니다. 부각된 문제를 해결하고 가치를 모두 담아나가는 과정이 디자인이다. 디자인의 근원은 명사가 아닌 동사였다.

디자인은 첨가와 장식의 과정이 아니다. 그것은 절제와 배제의 과정이다. 그래서 가장 좋은 디자인은 결국 간단명료해진다. 그 작업의 결과는 화려하거나 다채롭지 않고 우아하고 간단하다. 멋있는 것이 아니고 좋은 것이다. 두 개의 대안이 나왔을 때 가장 확실한 판단 기준은 무엇이 더 간단하냐다. 나는 여러 형태가 조합되고 여러 재료가 섞인 건물을 싫어한다.

디자인 과정은 단선으로 화살표를 그을 수 없다. 논리적으로 설명되지도 않는다. 평면 스케치를 시작했다. 건축 스케치는 형태를 모사하는 게 아니고 논리를 찾는 과정이다. 그런데 언어가 아니라 형태로 이루어진 논리다. 대개 평면도에서 시작한다. 평면도는 공간 조직을 표현하는 가장 기본적인 그림이다. 단면이 중요한 의미일 수도 있으나 공간 조직은 평면에서 가장 명쾌하게 표현된다.

방의 구분을 최소화하는 썰렁하고 유연한 평면을 찾아나가기 시작했다. 스케치가 시작된 바닥은 흰 종이지만 건물이 실제로 얹힐 곳은 경사가 급한 땅이다. 손으로 그리는 건 평면이지만 머릿속으로 상상하는 건 입체다. 크기의 제약도 있다. 평면이 대지 경계선을 넘어가면 곤란하다. 게다가 이곳은 한국이다. 남쪽이 어느 방향인가가 중요하다. 머릿속에 방위표가 항상 들어 있어야 한다.

퍼즐 조각

스케치와 거친 모형 작업을 병행했다. 창도 없고 덩어리 형태만 있는 걸 매스 모형이라고 부른다. 매스 모형을 통해 평면 스케치에서 확인하기 어려운 입체적 비례를 확인할 수 있다. 스케치를 계속하고 모형을 자꾸 만드는 이유는 제시된 문제를 더 명료하게 풀어내는 방법을 찾기 위해서다.

어떻게 하면 벽을 줄이면서 영역을 구획할 수 있을까. 물론 벽으로 구획되어야 하는 부분들이 있다. 대표적인 곳이 화장실이다. 이렇게 구분되어야 하는 공간들을 건축에서는 보통 코어core라고 부른다. 이들은 대개 물을 써야 하는 곳이어서 각 층의 위치가 관통되는 것이 좋다. 계속 그려보는 수밖에 없다.

시행착오는 비교적 많지 않았다. 문제가 확실하고 뚜렷하면 답을 빨리 찾을 수 있다. 소크라테스가 물으면 제자들이 바로 대답한다. 질문이 명쾌하기 때문이다. 대지도 건축주도 다 개성이 뚜렷했다. 땅의 조건과 비교적 잘 맞는 도형이 곧 스스로 모습을 드러냈다. 방의 구획을 최소화해야 한다는 조건은 다소 타협했다. 삼각형이었다.

문제는 장인이 기피하는 계단이었다. 수직 이동 문제를 해결할 길이 잘 보이지 않는다. 대안은 경사로 아니면 엘리베이터다. 장애인을 위한 경사로의 법적 최소 경사도는 12분의 1이다. 적지 않은 면적 손실을 감수해야 한다. 실제로 사용하기도 어렵다.

그래서 장애인 시설에서는 대개 엘리베이터 설치를 권장한다. 기계는 이럴 때 이용하라고 발명된 것이다.

이 집에서도 엘리베이터가 유력한 대안이었다. 그런데 몇 가지 문제가 있다. 엘리베이터는 전 층을 수직으로 관통하기 때문에 평면 구성에 제약이 크다. 고층 건물의 설계에서 가장 중요한 문제를 짚으라면 그건 바로 엘리베이터 운용 방법이다. 건물이 높아질수록 풀기 어려운 문제는 구조보다 엘리베이터다. 이 작은 집에서도 엘리베이터는 공간 배치의 장애물이었다. 짝이 잘 맞지 않는 퍼즐 조각이었다.

초기 평면 스케치, 모형 작업.

코어와 외벽만으로 이루어진 평면 스케치들.

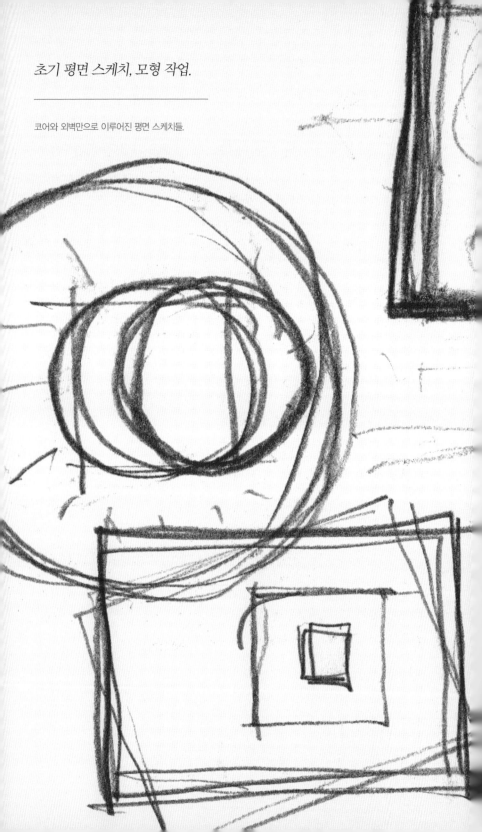

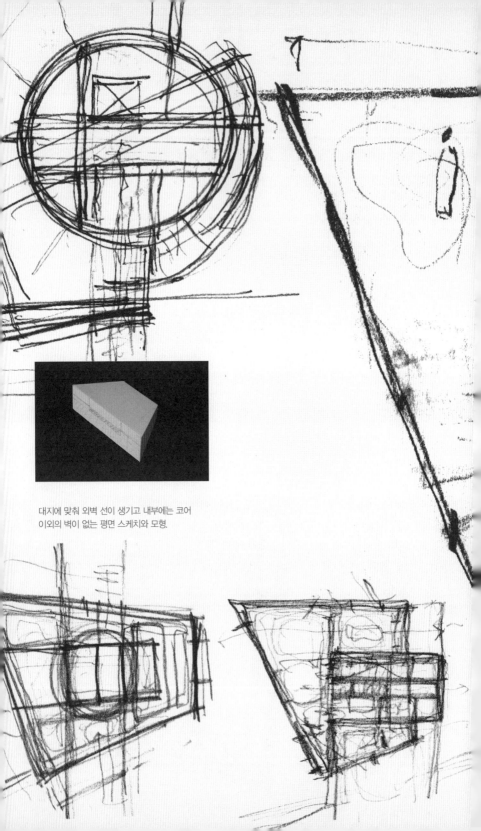

대지에 맞춰 외벽 선이 생기고 내부에는 코어
이외의 벽이 없는 평면 스케치와 모형.

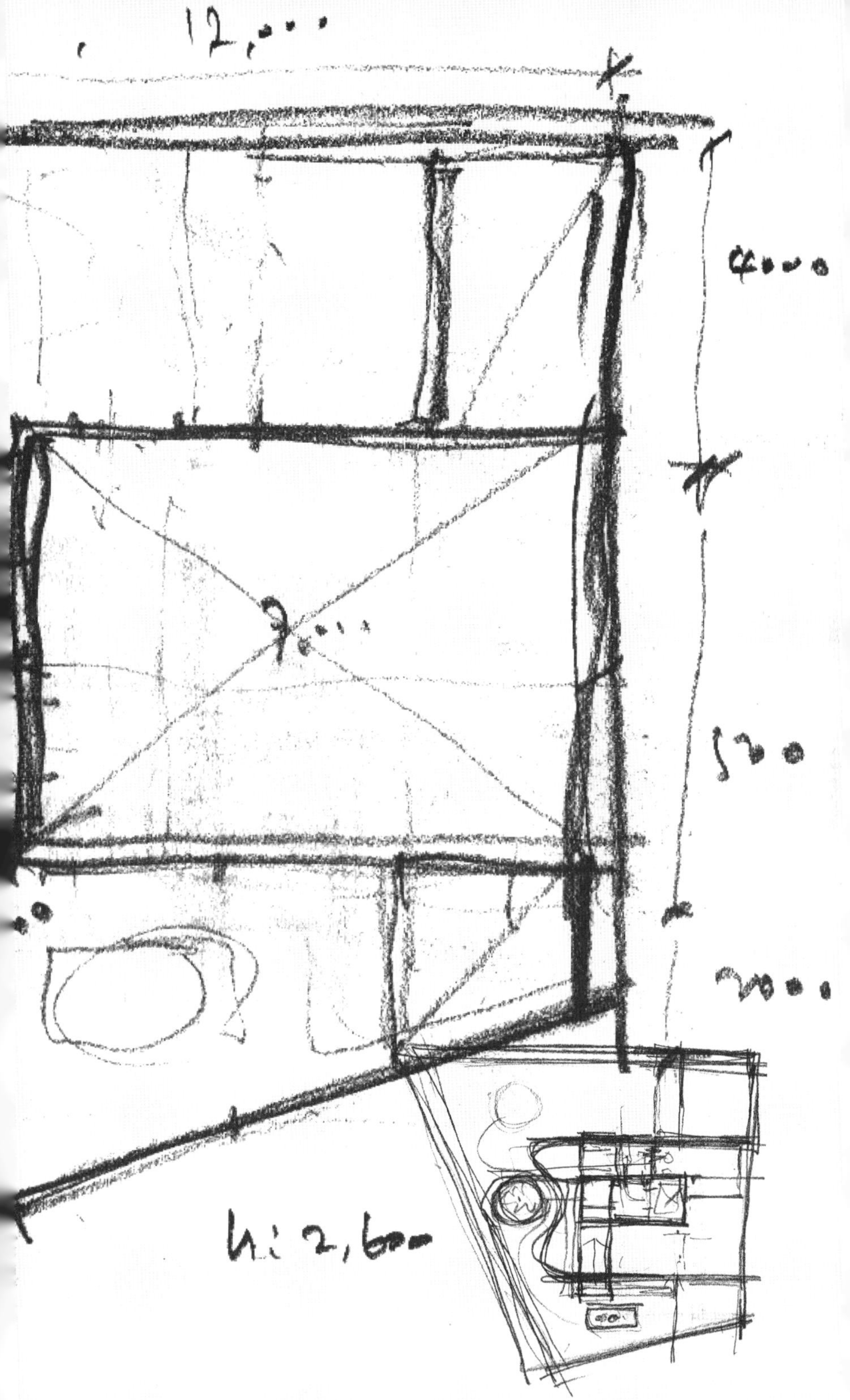
12,000
4000
5200
2000
9000
h: 2,600

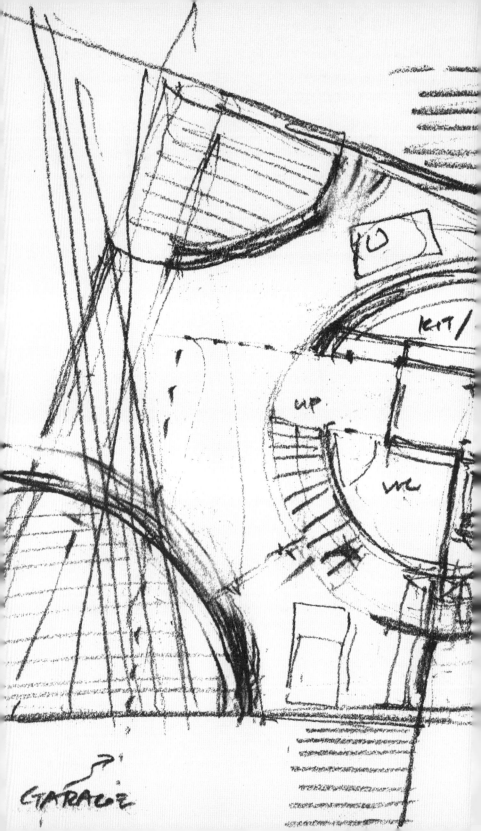

내부의 벽은 여전히 없으나 외벽을 조정해서 내부
공간을 구획하려고 시도한 스케치와 모형.

대지와 평면의 요구 조건에 가장 잘 맞는다고
판단한 삼각형 평면의 스케치와 모형.

호화 주택

그러다 엘리베이터는 엉뚱한 이유로 삭제되었다. 지방세법에 등장하는 호화 주택이라는 기준 때문이었다. 주택이 이 단어로 지칭되는 순간 호된 세금 세례를 받게 된다. 그 기준은 대지 면적 662제곱미터, 혹은 실내 면적(연면적) 331제곱미터, 혹은 수영장 크기 67제곱미터를 넘는 집이다. 이 구체적인 숫자들은 엄청나게 정밀한 연구 결과처럼 보인다. 그러나 특별히 객관적 근거가 있지는 않을 것이다. 적당한 숫자 200, 100, 20평을 미터법으로 적당히 옮겨서 얻은 적당한 결과일 것이다.

이 집이 100평을 넘지는 않겠지만 호화 주택의 기준에 하나가 더 있다. 운송 하중 200킬로그램을 초과하는 엘리베이터가 설치된 주택이다. 3인승 정도다. 카탈로그를 뒤져보니 200킬로그램 이하의 기성 엘리베이터를 제작하는 업체가 국내에는 없었다.

결국 주문 제작해야 한다. 이런 걸 특별히 만들어주는 업체는 중·소규모 회사일 수밖에 없다. 한국에서는 이를 영세 업체라는 단어와 동의어로 인식한다. 이는 즉시 신뢰도 문제로 귀결된다. 엘리베이터는 기계인지라 수시로 유지 관리를 해주어야 한다. 건축주 입장에서는 신뢰도가 검증된 회사의 제품을 쓰고 싶어 한다. 고장 나서 전화했더니 회사가 사라졌다는 대답을 듣고 싶지는 않을 것이다.

이런 문제를 감수하고 호화 주택의 범주에 들어가 기꺼이 세

금의 십자포화를 맞겠다는 건축주는 거의 없을 것이다. 게다가 엘리베이터 자체의 설치 비용도 꽤 되었다. 건축주는 엘리베이터 설치를 배제해달라고 요청했다. 중요한 변수 하나가 정리되었다.

남은 것은 경사로다. 기존 지형을 최대한 이용하는 수밖에 없다. 전면도로도, 대지도 경사졌다. 대지에서 가장 적합한 자리를 찾아 건물을 여기저기 옮겨 배치해봐야 한다. 최소한의 경사 길이를 찾는 과정이다. 배치가 바뀌면 평면이 바뀐다. 답을 찾는 과정은 시행착오의 연속이다. 점차 어떤 모양으로 수렴하면서 결과에 이르게 된다. 이 과정이 말하자면 디자인이다.

문수보살

문제 해결의 단초는 아무도 짐작하지 못한 곳에서 두서없이 등장하고 홀연히 사라진다. 정해지고 숨겨진 답을 찾는 과정이 아니므로 대안이 나왔을 때 선택 여부를 판단해야 한다. 더 나은 대안이 존재할 수도 있다.

이럴 때 믿을 수 있는 것은 결국 본인의 직관이다. 내 머리로는 더 이상의 대안이 없을 것 같다는 느낌을 찾는 것이다. 그리고 이 직관은 옳을 수밖에 없다. 왜냐하면 여기서 탐구가 멎기 때문이다. 결국 그래서 선택한 답이 정답이 된다.

그럼에도 정답인지 의심을 멈출 수 없을 때가 있다. 이 주관적 과정의 신뢰도를 검증해야 하는 경우다. 현상설계에 응모할 때 대개 그렇다. 이때 설계안의 가치를 최종 판단하는 주체는 본인이 아니고 심사 위원이다. 심사 위원은 대개 복수의 전문가로 구성된다. 그들이 나의 판단에 동의할 것인지를 예측해야 한다. 그래서 발표된 심사 위원 명단을 보고 응모 여부를 판단하는 것이 일반적이다.

현상 공모에서는 직관으로 얻은 답을 확신하기 어렵다. 이 봉우리가 아닐지도 모른다는 의심을 마지막 순간까지 유지해야 한다. 그래서 때로는 자신이 신뢰할 수 있는 사람을 초청해서 그의 의견을 듣기도 한다. 그러나 현상 공모에 참여하면 시간은 항상 촉박하다. 차라리 심사 위원들을 가늠하지도 않고 그냥 그리고 싶은 대로 도면을 그려서 제출하는 것이 대안이기도 하다.

그러나 이런 작은 주택을 지을 때는 외부 전문가의 의견을 청취할 상황이 못 된다. 그래서 내가 선택하는 방식은 작업팀 구성원들의 의견을 묻는 것이다. 막강한 경력의 전문가든, 실무 경험 없는 대학원생이든 개의치 않는다. 각자 맑은 머리로 합리적인 의견을 내면 되는 것이다. 어른들은 이야기했다. 바보 셋이 모이면 문수보살의 지혜가 나온다.

사람의 설계

여기서 건축가들이 설계를 진행하는 단계를 잠시 짚고 가자. 대개 설계는 계획설계, 기본설계, 실시설계로 구분한다. 미국에서는 schematic design, design development, working drawing이라고 부르는 단계다.

계획설계는 건물의 기본 방향을 제시한다. 이 단계의 도면에서는 공간 조직과 건물 외관, 그리고 주요 재료 정도가 표현된다. 사람으로 치면 사람으로 인식되기 시작하는 수준이다. 구조 형식과 구조체의 위치도 이때 결정된다. 건축가의 상상력이 드러나는 단계라고 이해하면 된다. 주택이면 대개 100분의 1 정도 축척의 도면이 그려진다. 농가 주택을 지을 때 한 달 안에 끝내는 설계는 바로 이 단계의 도면 작성에서 멈춘다. 나머지는 시공 현장에서 시공 업자가 알아서 지으면 되는 것이다.

계획설계가 뼈대와 형태를 지정한다면 기본설계는 피부의 정확한 형태와 위치를 규정하는 단계다. 사람으로 치면 이목구비가 뚜렷해져서 어떻게 생겼는지 드러나는 순간이다. 건물 외관은 도면상 수많은 선으로 표현된다. 건물의 면이 꺾이고 재료들이 만나서 형성되는 그 선은 건물을 다 지었을 때 우리 눈에 직접 보이는 것이다. 기본설계는 선, 면 들의 위치를 지정해주는 단계다. 그래서 이 단계의 도면에서는 건물의 완성도가 표현된다. 50분의 1 정도 축척이 주로 사용된다.

기본설계를 할 수 있으려면 그 피부 뒤에 무엇이 어떻게 들어가는지 알아야 한다. 설계하는 사람의 경력과 함께 엔지니어들의 조언이 중요해지는 시기다. 기둥 간격에 따른 구조체의 크기, 그 사이에 기계 설비 엔지니어가 사용할 파이프 배치 공간의 크기 등을 확인해야 한다. 이런 조건을 고려하지 않은 상태로 그린 도면은 그냥 그림에 지나지 않는다.

실시설계는 눈에 보이지 않는 벽체 속에 무엇이 있는지 설명하는 것이다. 즉 구조체에서 마감면까지 어떤 재료들이 들어가는지 보여주는 작업이다. 사람으로 치면 뼈대와 피부 사이에 어떤 내장 기관들이 들어가 있는지 설명하는 것이다. 외형이 잘생긴 사람을 넘어 건강하고 튼튼한 사람이 되는 순간이다.

이 단계의 도면에서는 건물의 시공 방법이 표현된다. 축척은 10분의 1 정도를 오간다. 창호 도면에서는 드물게 1대 1 축척이 사용되기도 한다. 건축가의 실무 수련이라 하면 대개 실시설계를 할 수 있는 능력의 배양까지를 일컫는다.

우리는 아이디어 스케치 정도를 마치고 이제 계획설계를 시작하는 단계에 와 있다. 갈 길은 멀다.

열망의 느낌표

우리는 삼각형 평면에 이르렀다. 이 건물에서 가장 중요한 것은 수평선을 담는 창이라는 것도 결정되었다. 그것은 당연히 옆으로 긴 창이다. 다음 문제는 이 수평창을 삼각형의 어느 쪽에 배치하느냐는 것이다. 삼각형의 한 변에 낼 것인지, 모서리에 낼 것인지. 바다는 거기 있으니 움직여야 하는 건 우리다. 이 선택에 의해 결국 건물 배치가 결정될 것이다.

그러나 단 하나의 변수에만 근거해 판단이 이뤄지지 않는다. 창은 수평선 보라고만 존재하는 게 아니다. 창이 들여올 햇빛은 적당한지, 열어야 할 가능성은 없는지, 혹은 구조적으로 합리적인지 모두 검토해야 한다. 그것이 건축설계의 묘미다.

방법은 간단하다. 모든 가능성을 검토하고 평면을 구성해보는 것이다. 답이 간단히 정리되지는 않는다. 그러나 분명 더 마음에 드는, 더 좋은, 더 명료한 결과가 존재한다.

수평선을 보여주려면 삼각형 한 변에 긴 창을 내면 된다. 간단하고 무난하다. 그러나 빠진 것이 있다. 그 창에는 열망이 없다. 바다를 향한 열정이 없다. 수평선을 향해 내달리지 않는다. 저 푸른 해원을 향해 깃발을 펄럭이지 않는다. 보는 이 없는 텅 빈 거실 텔레비전에서 방영되는 드라마처럼 수평선을 그냥 담고 있을 뿐이다.

바다가 보인다. 수평선이 보인다. 이 서술은 법당 스님의 독경

처럼 무심하고 담담하다. 우리는 그 이상이 필요했다. 뒤에 느낌
표가 박힌 문장이 필요했다. 바다가 보인다! 바다다! 중요한 것
은 수평선을 향한 열망을 표현하는 것이다. 바다로 성큼 다가서
야 했다. 창은 그런 갈망과 의지를 보여주어야 했다. 나는 모서리
에 수평선을 담기로 했다.

　누구나 언제나 쉽게 할 수 있는 일이라면 그 가치를 논할 필요
도 없다. 모서리에 창을, 옆으로 긴 창을 내기 위해 감수하고 해
결해야 할 문제가 만만치 않았다. 구조가 훨씬 복잡해졌다. 그러
나 건물은 구조체를 위해 존재하지 않는다. 구조체가 건물을 위
해 존재하는 것이다. 해결해야 했다. 그 열망을 위해. 박혀 있는
느낌표를 위해.

이세이 미야케

창이 모서리로 가면 창 윗부분의 벽은 허공에 뜨게 된다. 두 지지점 사이를 가로지르는 것과 한 지지점에서 밖으로 내뻗는 것은 구조적으로 엄청난 차이가 있다. 한쪽만 지지되어 밖으로 튀어 나간 구조 형식을 캔틸레버cantilever라고 부른다. 우리가 팔을 앞으로 뻗었을 때 그 팔이 캔틸레버다. 지금 이 집의 구조 형식이 캔틸레버로 바뀌었다. 구조역학 시간의 이야기로 따지면 양쪽을 지지해줄 때보다 네 배에서 여덟 배까지 벤딩모멘트bending moment, 즉 부재를 휘게 하는 힘이 커진다. 부재가 감당해야 할 내력이 커진다는 말이다.

수평선 길이는 창의 길이로 치환된다. 창의 길이는 내밀 수 있는 캔틸레버 길이에 의해 규정된다. 스케치에서의 수평선 문제는 이제 물리적으로 구현 가능한 캔틸레버 문제로 바뀌었다.

최대한 긴 캔틸레버를 만드는 방법을 찾아야 했다. 주택에서 신기한 모험을 할 일은 아니다. 원만한 방법은 창의 상부에 트러스truss를 짜 넣는 것이다. 교량에 많이 사용되는 철 구조물이다. 그 트러스의 높이에 따라 내밀 수 있는 캔틸레버의 길이가 달라진다. 창의 상부에 거실 상단을 모두 덮는 철제 트러스를 짜 얹기로 했다. 그 아래 가장 긴 길이의 창을 만들기로 했다.

대지는 비대칭이다. 여기 건물을 얹으면 삼각형 모서리 좌우의 풍경도 비대칭이었다. 내부에서는 왼쪽으로 더 길게 수평선이 보였다. 창의 길이도 그렇게 비대칭인 것이 논리적이다. 비대칭이 되면 유연해진다. 수평선이 짧은 오른쪽 벽의 캔틸레버 길이는 좀 줄여도 된다. 그렇다면 왼쪽 벽의 구조적 부담도 훨씬 줄일 수 있다. 일단 왼쪽 8미터와 오른쪽 6미터의 창 길이로 도면을 그리기 시작했다.

고민해야 할 다른 문제는 이 긴 창에 끼울 유리였다. 이 길이는 유리를 만드는 공장의 제조 능력, 때로는 운반하는 트럭의 적재함 크기에 의해 규정된다. 이론상 제작과 운반이 가능해도 막상 유리 재고가 전국 어디에도 없는 경우도 있다. 일단 데이터상으로 그 유리는 제작 가능하다. 그 유리가 실제로 어딘가의 창고에서 우리를 기다리고 있으리라는 낙관적 신념으로 일을 진행했다. 우리에게는 훨씬 더 큰 창고, 중국도 있으므로.

캔틸레버의 트러스를 디자인해야 한다. 트러스도 종류가 많다. 트러스는 부재들이 삼각형으로 조립된 것이다. 그 삼각형과 삼각형들의 조합 방식이 다양한 트러스를 만든다. 평면이 정삼각형인데 가장 중요한 거실 창 트러스를 정삼각형으로 짠다. 뭔가 궁합이 맞아 들어가는 듯한 분위기가 느껴졌다. 이 집의 주제가 삼각형이 되어야 하는 순간이었다.

처음 대포항에서 만나던 날 건축주가 들고 있던 가방도 생각났다. 이세이 미야케였다. 퍼즐이 점점 윤곽을 드러내고 있었다.

건축주의 가방.

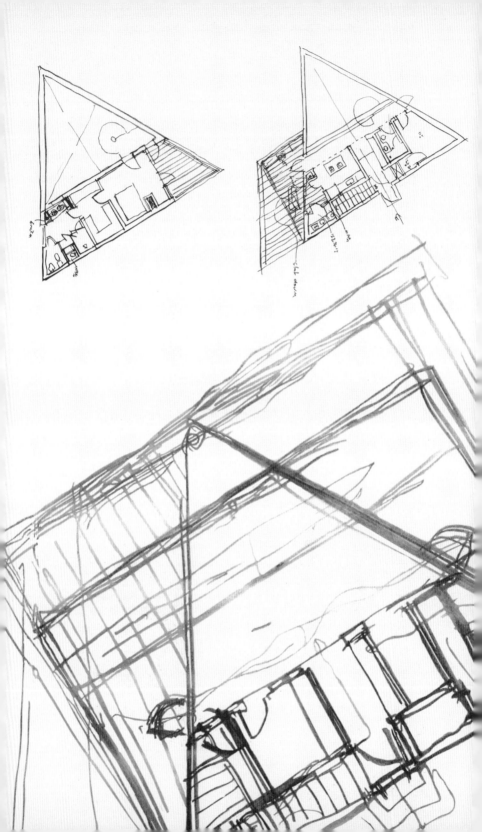

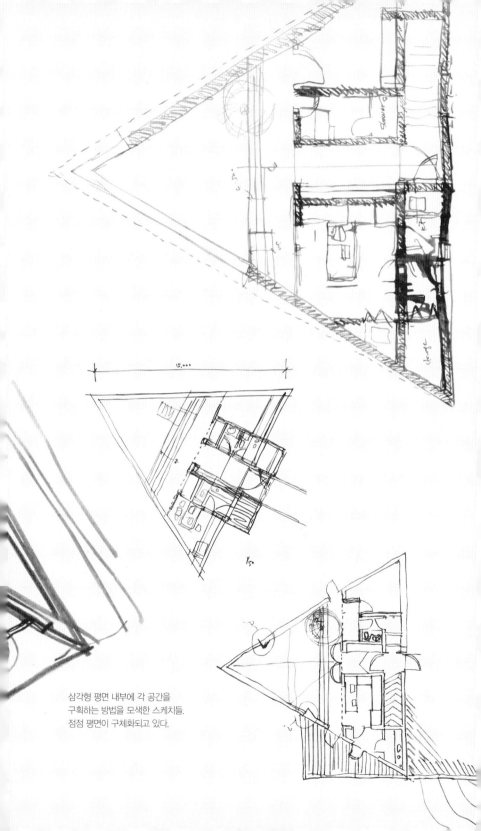

삼각형 평면 내부에 각 공간을
구획하는 방법을 모색한 스케치들.
점점 평면이 구체화되고 있다.

환상 공간

거실 전면의 창을 트러스로 짜겠다고 생각한 순간 건물의 나머지 부분도 여기 종속되었다. 입면도 삼각형이 지배하게 되었다. 트러스를 짜면 그 표면에 삼각형으로 된 유리를 붙일 수밖에 없다. 여기서도 건물이 간단해지는 방법은 전체를 한 가지 재료, 유리로 감싸는 것이다.

건물을 유리로 감싸면 해결해야 할 문제는 참으로 많다. 여름철에 건물이 뜨거워져서 냉방부하가 커진다. 유리는 기본적으로 투명한 재료라서 시선 문제를 덩달아 해결해야 한다. 그리고 만만치 않게 비싸다.

그럼에도 일단 진행하기로 했다. 환상적인 거실에 대한 집착 때문이었다. 건축주는 눈에 확 띄는 건물을 원했다. 텔레비전과 소파가 놓인 뻔한 거실이 아닌 일상과 전혀 다른 거실을 만들고 싶었다. 그래야 선물이다. 내가 할 일은 그 상상력을 뛰어넘는 선물을 만들어주는 것이다.

스케치를 하면서 환상적인 공간을 이야기하니 작업팀 모두가 환성을 질렀다. 해보지 않은 작업에 대한 기대로 흥분했다. 환상에 대한 환상이 커졌다. 그러나 환상은 일단 현실적인 문제를 해결하고 난 다음의 가치였다.

유리의 첫 번째 문제는 에너지다. 복층유리를 두 겹으로 써서 해결하는 방법이 있다. 유리 사이는 환기 공간이 된다. 더블스킨

double skin이라고 부르는 이 방법은 이미 30년 전부터 실험되어 왔고 훌륭한 대안으로 검증되었다.

다음은 투명성으로 인한 문제다. 우리는 외부에서 내부가 다 보이는 것을 불편해한다. 시선의 문제는 유리에 프린트를 해서 해결할 수 있다. 유리에 프린트하는 것을 프리팅fritting이라고 부른다. 이 프린트를 통해 더욱 환상적인 공간을 만들 수도 있을 것이다. 환상이 필요하지 않은 공간에는 내부에 불투명한 벽체를 만들어 붙이면 된다.

문제는 환상은 공짜가 아니라는 것이다. 건물이 지금 걷잡을 수 없이 비싸지고 있다. 비싸지는 것은 분명한데 얼마나 비싸진 건지 확실하지 않다는 것이 더 큰 문제였다. 아직 설계가 제대로 마무리된 것도 아니므로 견적을 내볼 수도 없다. 결국 다 그려보기로 했다.

전면이 유리로 덮인 거실 풍경.

미인도의 덫

해가 바뀌었다. 건축주에게 이 환상의 계획안을 보여줄 날을 잡
았다. 아무리 좋은 설계여도 건축주의 생활과 예산이라는 틀을
넘어설 수 없다. 그 틀을 넘지 못해서 휴지로 변한 계획안이 참
으로 많다. 내가 평면 스케치를 해주면 실무자들이 이를 정교한
컴퓨터 도면으로 옮겼다. 대학원생들은 모형으로 만들어나갔다.

　건축과 진학 상담에서 받는 질문 중 하나가 그림을 잘 그려야
하느냐는 것이다. 그렇지 않다. 요즘은 미대를 나와도 별로 그림
을 그리지 않는다. 비엔날레에서 그림을 제출하는 미술가는 참
으로 드물다. 대개 붓과 캔버스를 신기한 멀티미디어로 바꾼 상
황이다. 심지어 입시에서 그림 실기를 포기한 미술대학도 있다.
그런데 건축과에서 그림은 무슨 가치가 있을까.

　그럼에도 그림 잘 그리는 능력이 암시하는 것이 있다. 관찰력
과 미적 감각이다. 세상에는 노력으로 극복하기 어려운 경지가
있다. 타고난 자질을 무시할 수는 없다. 미적 감각은 태어나면서
갖고 나오는 불평등한 능력이다. 인정해야 한다. 그런데 이 능력
이 가끔 장애물이 되기도 한다.

　건축가들은 자신이 만들려는 건물의 상태를 확인하기 위해 스
케치를 한다. 투시도일 수도, 도면일 수도 있다. 그런데 가끔 이
그림이 자신을 속인다. 특히 거기 들인 시간이 많을수록 그럴 가
능성이 높다. 자기가 그린 그림 속 여인과 사랑에 빠진 화가의

전설이 있다. 화가와 달리 우리는 그림이 목적이 아니다. 그걸 통해 다른 걸 만들어야 한다.

나는 학생들에게 자신이 만든 도면이나 모형에 속지 않게 조심하라고 조언한다. 건축가는 그림이 아니고 건물을 만드는 사람이다. 물론 도면을 잘 그리는 사람이 그 미적 감각으로 인상적인 건물을 만들 가능성이 높기는 하다. 그러나 그 능력을 더 나은 판단을 위해 쓰는 것인지, 남에게 과시하려 쓰는 것인지는 항상 주의하고 경계해야 한다.

우리가 스스로 검토하기 위해서 만드는 모형은 거친 수준이어도 문제없다. 오히려 지나치게 정교하면 모형에 집착하는 경우가 생긴다. 그래서 스스로 속지 않을 만큼 객관적으로 모형을 만든다. 그러나 건축주에게 보여주는 모형은 가장 정교한 결과물이어야 한다. 이것이 얼마나 좋은 제안인지 설득해야 하기 때문이다.

실패한 지휘관

삼각형 건물은 모형 만들기도 어려웠다. 맞춰나갈 정교한 부재들이 많았다. 요즘은 컴퓨터 덕분에 일이 쉬워졌다지만 삼각형 모형 만드는 것은 어려웠다. 그런데 나는 거실의 환상에 빠져서 중요한 것 하나를 보지 못하고 있었다.

대학원생들이 레이저 커팅기를 동원해서 만든 최종 모형을 들고 왔다. 이상했다. 모양은 틀림없이 내가 생각한 그대로였다. 그런데 건물이 꽤 컸다. 머릿속에 들어 있는 것보다 덩치가 많이 컸다.

면적을 다시 계산했다. 면적 초과였다. 거실의 환상에 빠져 건물의 면적을 정확히 확인하고 검토하는 단계를 건너뛰었던 것이다. 익숙하지 않은 삼각형이어서 직관적으로 면적을 추정하는 것도 사실 어려웠다. 기본 중의 기본에 해당하는 문제였다. 나는 학생들에게 설계 과정에서 항상 도면 옆에 축척 재는 스케일과 계산기를 두라고 가르쳤다. 몸에 안 맞는 옷을 뭐하러 만들겠냐고. 그런데 내가 그걸 건너뛴 것이다.

45평 정도의 면적을 상정했는데 내 눈앞에 도도히 앉아 있는 것은 60평에 가까운 건물 모형이었다. 옳은 계획이 아니었다. 면적이 늘어야 할 논리적 이유도 없었다. 그것은 뻔히 예산을 넘고 실현 가능성도 없는 계획안이었다. 건축주에게 양해를 구하고 일정을 미뤘다.

두 가지 모형.

큰 것이 면적 조절에 실패한 모형이다.

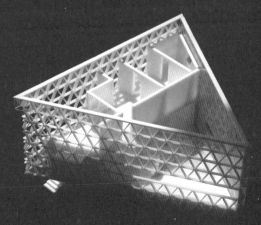

나는 제자들에게 이야기해왔다. 작전에 실패한 지휘관은 용서받아도 경계에 실패한 지휘관은 용서받지 못한다더라. 설계에 실패한 건축가는 용서받아도 일정 관리에 실패한 건축가는 용서받지 못한다. 마감 일정은 반드시 지켜라. 나는 이날 전문가로서 실패한 건축가였다.

호박의 길

면적 다이어트에 돌입했다. 지하층 화장실 위치를 옮기면 옥상 물탱크실 위치까지 줄줄이 바뀌어야 하는 것이 건물이다. 그런데 면적이 초과했다면 초대형 수술 작업이 필요하다. 기본적인 틀만 남겨놓고 모두 바꿔야 했다.

여전히 가장 중요한 변수는 예산이다. 분명 우리는 건축주의 예산을 넘는 건물 모형을 만들고 있었다. 이것을 만들었던 것은 최선의 대안이라고 생각했기 때문이다. 가장 중요한 예산의 제약을 빼면.

예산을 고려한 대안도 필요했다. 참깨가 백 번 구르는 것보다 호박이 한 번 구르는 게 낫다. 여기저기 조금씩 손대봐야 공사비 절감에 큰 도움이 되지 못한다. 가장 큰 변수는 외벽의 유리였다. 호박을 굴리려면 유리 전체를 저렴한 재료로 바꿔야 했다.

시공사에 개략적인 도면을 보내 의견을 물었다. 호박이 얼마나 굴러야 할지 감을 잡아야 했기 때문이다. 결과는 짐작과 크게 다르지 않았다. 척 봐도 알 일이라 굳이 숫자로 답을 알려주지도 않았다. 외벽의 유리 때문에 초과 비용이 너무 클 것이라는 답신이었다.

그래도 건축주에게는 유리 건물을 들고 가기로 결정했다. 눈에 확 띄는 건물이었기 때문이다. 우리의 의지와 상상력의 표현이라는 자존심도 약간 있었다. 그러나 결국 타협안으로 갈 수밖에 없

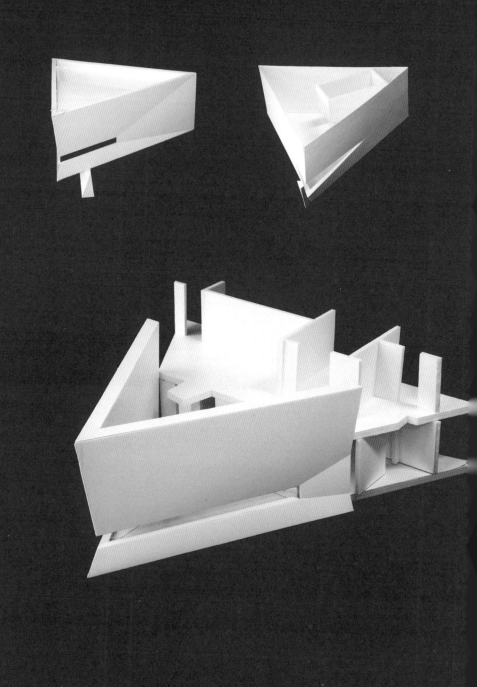

외벽을 콘크리트로 바꾼
대안 모형들.

음이 훤히 보이는 길이었다. 일단 가장 만만한 재료는 콘크리트
였다. 외벽을 콘크리트로 바꾼 대안을 몇 개 그렸고 모형도 만들
었다.

기대와 실망

1월 30일, 제주도로 향했다. 모형, 도면 그리고 파워포인트 파일이 담긴 노트북을 들고 갔다. 삼각형 평면에 삼각형으로 뒤덮인 유리 건물 계획안이었다. 우리는 집 같지 않은 집 모형을 들고 나타나서 이게 눈에 확 띄는 집이라고 우기려는 참이었다.

모형은 크기도 하고 부서지기도 쉽다. 모형을 들고 움직이는 건 항상 성가신 일이다. 그래서 대개는 건축주를 학교로 초대한다. 그런데 지금 우리의 건축주는 서울로 올 수 있는 상황이 아니다.

모형 포장도 공작의 한 부분이다. 비행기 탈 때 이걸 위탁 수화물로 부치는 건 위험하다. 아무리 '파손 주의'라고 써 붙여도 공항 아저씨들은 던진다. 그래서 크게 '김치'라고 쓰라는 우스갯소리도 있다. 기내 수하물로 운반이 가능하도록 최종 포장 크기를 점검해가며 작업해야 한다.

대지와 건물을 합쳐 만들면 기내 수하물 크기를 넘었다. 결국 분리된 모형을 만들고 따로 포장했다. 처음 만났던 호텔 커피숍에서 건축주를 만나기로 했다. 커피숍에서 건축설계안을 설명한 건 처음이었다.

먼저 우리가 어떻게 생각을 풀어나갔는지 컴퓨터 화면을 보여주며 설명했다. 우리에게는 논리가 가장 중요한 무기다. 그러나 아무리 논리적 설득력이 있어도 건축주가 싫다면 원점으로 돌아가

건축주에게 계획안을
설명하기 위해 만든
파워포인트 슬라이드.

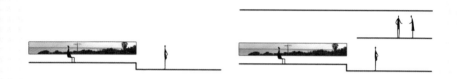

소파에 앉았을 때와 걸어 다닐 때의 눈높이를 고려해서 거실 바닥 높이를 설정하였다.

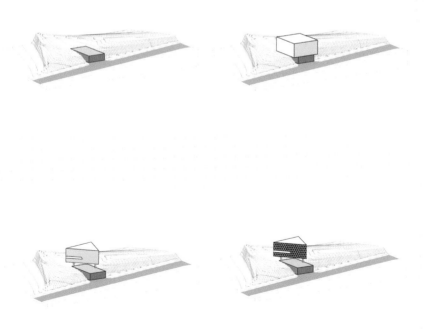

경사지에 건물(덩어리)을 앉히는 과정이다.

야 한다. 이유는 언제 어디서 어떻게 튀어나올지 모른다. 풍수지리
상 나쁘다고 들어서, 어릴 때 세모난 장난감 갖고 놀다 다쳐서, 삼
각김밥 먹다가 체한 적이 있어서, 아니면 그냥 삼각형이 싫어서.
설명이 끝나고 포장이 뜯기고 모형이 등장했다. 건축주의 얼굴이
환해졌다.

"기대는 하고 있었지만 기대를 뛰어넘으시네요." 일단 건축주
가 만족스러워하며 동의했다. 그러나 결국 제약을 부연 설명해
야 했다. 얼마가 될지는 모르겠으나 예산을 초과할 것 같고 초과
액이 좀 클 것으로 짐작한다. 확인해보고 공사비 견적이 초과하
면 외벽을 바꿀 생각을 하고 있다. 그리고 대안인 콘크리트 외벽
의 그림을 보여주었다. 건축주의 표정이 확연히 실망으로 바뀌
었다.

"아니, 이걸 콘크리트로 바꾼다고요?"

변수와 상수

중요한 단계를 하나 지났다. 삼각형이라는 방향은 확실히 결정되었다. 이제 개략 견적을 낼 차례다. 가장 중요한 것은 공사비의 맨 앞 숫자였다. 몇 억 원대의 건물이냐. 건축주가 처음 제시한 것은 3이었다. 그러나 그것은 경사지의 토목공사를 배제한 순수 건축 공사비를 말한 것이다. 이 땅에서는 토목공사비가 적지 않을 것이다. 게다가 건축 공사에 주차장 공사도 포함되어야 한다. 건축주는 좀 더 받아들일 수 있다는 의사를 표명했다. 나는 5 정도로 짐작했다. 그 이상이면 조정이 필요할 것이다.

우려한 대로였다. 우리가 견적으로 받은 숫자는 8이었다. 감당할 수 있는 수준이 아니었다. 내역을 보니 역시 유리벽이 호박이었다. 예산은 건축주의 것이다. 숫자별로 대안을 제시하고 건축주가 선택하면 될 일이었다. 이메일로 상황을 설명했다.

1. 복수 견적을 받았는데 보여드린 계획안은 8억대의
   견적이 나왔습니다. 이건 예상했던 것과 크게
   다르지는 않습니다. 그래서 보여드렸던 이미지와
   많이 다르지 않은 선에서 타협책을 찾으려고 합니다.

2. 거실은 유리로 하고 나머지 부분은 콘크리트로 가는 안을 생각하고 있습니다. 그러나 아무리 줄여도 5억대의 견적이 나올 것으로 추측합니다. 이유는 지하 주차장이 반드시 필요하고, 바다 조망을 위해 건물을 들어 올렸기 때문입니다.

3. 4억대로 내려가기 위해서는 바다 조망을 포기해야 할 것으로 보입니다. 이 경우에는 일반적인 집이 되겠고, 설계를 거기 맞추면 평면도 많이 바뀔 것입니다.

4. 3억대 후반~4억대 초반이 되기 위해서는 주차장을 파지 않는 방법을 찾아야 합니다. 대지의 경사가 근본적인 문제를 안고 있어서 저희가 해결하는 데 한계가 있습니다.

고민해보겠다던 건축주에게서 낭보인지 비보인지 판단하기 어려운 소식이 날아왔다. 장인께서 서울의 처남네로 거처를 옮기시기로 했다는 것이었다. 경사로의 고민스런 조건이 풀린 것은 낭보였다. 그러나 건물 설계를 새로 해야 한다는 것이 비보였다. 우리에게는 건물의 완성도가 중요했다. 난제가 소거된 계획안은 훨씬 더 명료해질 것이다. 굳이 저울질로 가늠하면 낭보에 가까

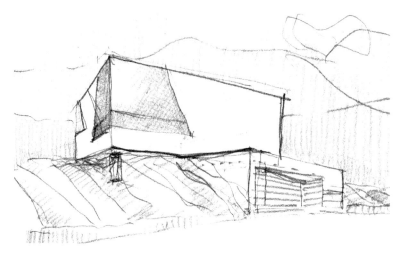

웠다. 다시 이메일을 보냈다.

1. 장인어른께서 서울로 가신다면 중요한 변수네요.
   설계 초부터 고려했던 골치 아픈 사안들이 몇 개
   줄었습니다.

2. 현 대지가 도로로부터 적어도 2~3미터 높아서
   마당에 주차를 하려고 해도 토목공사를 만만치 않게
   해야 한다는 문제가 있습니다. 제 경험으로는 마당에
   주차를 한다고 해도 결국 나중에 상부에 뭔가를

흉하게 덮는 장치를 하게 되어 좋은 해결은 아닌
것 같습니다. 게다가 건물은 조망을 위해 가장 높은
곳으로 가야 하고 주차장은 가장 낮은 곳에 있게
되어 많이 불편하실 것으로 예상합니다. 건물이 앉을
자리의 대지도 형상이 복잡해서 별도의 토목공사를
해야 합니다.

3. 그래서 제 생각에는 도로의 가장 높은 부분에 건물과
주차장을 최대한 붙여서 바다 조망을 확보하면서
주차장을 시공하는 것이 합리적일 듯합니다.
장인어른을 위한 경사로를 삭제한다면 딱 건물이
들어갈 자리만 토목공사를 하고 나머지는 조경도
하지 않고 그냥 놔두는 것이 경제적일 것입니다.
그럴 경우 제 짐작으로는 4억대 후반~5억대 초반의
공사비가 되지 않을까 생각합니다. 이건 제가 받은
개략 견적에 기반한 추측입니다.

4. 공사비를 조금이라도 낮추기 위한 방안을 계속
찾기는 하겠지만 결국 현 대지에서 공사비를 더
낮추는 획기적인 묘수는 찾기 어려울 것으로
보입니다. 대안이라면 결국 가장 싼 재료로 가장
간단하게 짓는 것인데 이 경우는 준공 후 많이
후회하실 것으로 짐작합니다.

건축주의 답신이 왔다. 바라는 앞의 숫자는 4나 5이며 포기할 수 없는 조건은 바다가 보이는 집이었다. 변수가 조금씩 상수로 바뀌어나갔다.

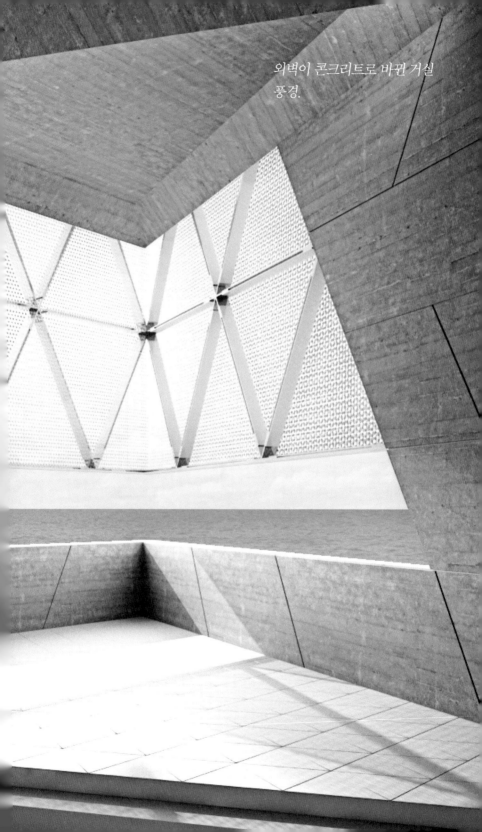

외벽이 콘크리트로 바뀐 거실 풍경.

미분방정식

환상은 현실과 분명 달랐다. 유리벽은 환상으로 사라졌다. 나는 이런 환상 연습이 나중에 다른 기회에 쓸 좋은 경험이 될 거라고 믿는다. 그러니 이건 영영 없어진 것이 아니고 잠시 사라졌을 뿐이다. 오히려 문제는 건축주의 기대였다. 거기 매혹되었던 건축주의 표정을 지우고 무심하게 콘크리트 건물을 만들 수는 없었다.

외벽의 재료도 바꿔야 하지만 벽체 자체도 더 간단해져야 했다. 맨 아래층부터 꼭대기까지 요철이 하나도 없이 밋밋한 벽체를 만들었다. 삼각형 평면을 그냥 위로 쭉 뽑아 올린 모양이었다.

무늬만이라도 유리벽과 유사한 재료를 찾았다. 가장 가까운 재료는 알루미늄이었다. 알루미늄 패널을 유리 패턴에 맞게 붙이는 걸로 생각했다. 물론 벽 두께가 다르니 어차피 평면은 전부 다시 그려야 했다.

줄눈이 뚜렷한 재료를 사용하면 설계상의 애로 사항이 하나 발생한다. 외관의 모든 선들이 이 패널의 줄눈에 죄 맞춰줘야 한다. 물론 그 줄눈에 맞지 않는다고 지구 종말이 오는 것은 아니다. 건물이 무너지지도 않는다.

그래서인지 한국의 대범한 공사장에서는 이 줄눈 정도는 거뜬히 무시한 건물들이 속속 세워진다. 그러나 이것은 건물의 완성도를 측정하는 가장 기본적인 가치다. 나는 화장실의 타일 줄눈이 위생도기, 휴지걸이, 수건걸이의 크기와 다 맞기를 요구하고

평면이 간단하게 정리되고
외벽이 알루미늄 패널로 바뀐
외관.

그렇게 도면을 그린다. 알루미늄 패널이 만드는 줄눈이 외관의 창, 문, 벽체의 꺾인 선에 다 맞아야 하는 건 당연하다.

시공 현장에서 줄눈을 맞추기 위해서는 먼저 도면의 줄눈이 다 맞아야 한다. 벽체 위치, 창문 크기, 문 크기 등을 모조리 재정렬하는 수술이 필요했다. 이 크기들에 의해 거꾸로 알루미늄 패널의 크기가 조정되기도 한다. 대부분의 미분방정식처럼 시행착오로 그 답을 찾아나가는 과정이니 시간이 필요한 작업이다. 필요한 것은 근면함, 꼼꼼함이다.

노가다

*"왜 우리나라에는 프리츠커상을 받은 건축가가
없나요?"*

한국 건축가들이 종종 받는 질문이다. 프리츠커상은 건축의 노
벨상이라고 불리면서 부각된 상이다. 물론 노벨상과 견줄 바는
아니지만 건축적으로 가장 지명도가 높은 상이기는 하다. 그래
서 아무나 이런 질문을 한다. 그런데 이 질문 뒤에 꼭 붙는 문장
이 있다. "일본에서는 몇 사람이나 받았다던데……."

이 질문에는 중요한 오해가 하나 있다. 한국이 일본과 지리적
으로 가까운 건 사실이다. 그러나 그래서 건축 수준도 비슷해야
한다고 판단하는 건 무책임하거나 위험하다. 유구한 역사, 빛나
는 전통과 슬기로운 조상에 대한 자부심일 수도 있다. 우리가 도
래인渡來人으로서 문화의 뿌리를 다 전해주었다는 그 자부심. 단
언하건대 현실을 두고 보면 중요한 오해고 위험한 자긍심이다.
불편하기는 하나 사실이다. 일본은 20세기 초반에 전투기와 항
공모함을 만들어 더 위험한 자긍심으로 당시 최강의 국가와 무
력으로 대거리를 했던 나라다.

더 중요한 것이 있다. 일본에는 천 년 넘게 이어온 막강한 장
인 전통이 있다. 건축가가 아이디어를 제시하면 기를 쓰고 실현
해주는 집단이다. 이들이 배후에 우글거린다. 그래서 일본의 건

축가들은 실시설계 도면을 직접 그리지도 않는다. 대신 이전 세대의 건축가들이 해보지 않은 이상한 시도가 없을까 궁리한다. 그 새로운 제안을 다시 막강한 장인들이 구현하겠다고 나선다.

역시 불편한 사실은 우리에게는 그런 장인층이 없다는 것이다. 조선 시대 내내 장인은 사대부가 아니었고 작업에 이름이 새겨지지도, 기억되지도 않았다. 한국전쟁은 한가하게 뭔가를 만들고 있어서는 생존이 보장되지 않는다고 알려줬다. 교과서에서는 전통을 자랑스러워하라고 강요하지만 현실에서는 전통을 찾기도 어렵다.

저 동그란 하늘이 얼마나 청명하고 아름다운지 보라고 가르치는 건 우물 속에 들어앉은 개구리들이다. 앞서서 가르칠 건 그런 자부심이 아니고 밖으로 나가라는 모험심이다.

한국에는 선례가 없는 작업은 하면 안 된다는 사회적 억압 기제가 가득하다. 2003년 나는 서울시청 앞 광장 현상 공모에 당선되었다. 바닥에 모니터를 2,000대 깔아놓는 '빛의 광장' 제안이었다. 세계 어디에서도 찾을 수 없는 제안이라고 자부했다. 그러나 실현을 무산시킨 공무원들의 입장은 달랐다. "선행 사례가 없으면 시행할 수 없습니다."

일본의 '노가다'는 집 짓는 장인을 일컫는다. 그 노가다는 저 멀리 홋카이도 시골집 화장실의 타일 줄눈도 칼같이 다 맞춰놓는다. 볼 때마다 섬뜩하다. 그러나 우리의 노가다는 일용직 잡부다. 전문성도 책임 의식도 별로 없다. 그래서 서울에서는 일급 호텔 화장실의 줄눈도 다 제멋대로다. 볼 때마다 한심하다. 교과서에서는 이런 걸 고졸하고 담백하며 자연스럽다고 서술해놓았다.

숫자로 비교하면 더 이해하기 쉽다. 서울이나 도쿄의 우동값은 비슷하다. 심지어 요즘에는 초밥값도 비슷해졌다. 그러나 우리가 건물을 지을 때 들이는 공사비는 다르다. 콘크리트 구조라고 치면 우리는 일본의 절반 정도 비용으로 건물을 짓는다. 들이는 예산이 다르면 건물이 달라지고 가치가 달라진다.

건축에서 가장 중요한 변수는 예산이다. 우리는 건물을 싸게 짓는다. 이것은 사회적 현상이므로 건축가가 바꿀 수 있는 영역 밖이다. 당연히 건축주도 사회에서 통용되는 일반적인 시공비 이상을 책정하지 않는다.

답신

건물은 수평선이 가장 잘 보이는 곳, 대지의 가장 높은 곳에 짓기로 했다. 경사로의 제한이 사라져서 가능한 일이었다. 문제는 알루미늄 패널도 싼 재료는 아니라는 점이었다.

새로운 계획안을 만들었다. 한 달이 더 지났다. 삼각형의 기본 방향이 흔들리는 사안이 아니므로 굳이 건축주를 다시 만나서 설명하지 않아도 될 일이었다. 계획안을 첨부해서 이메일로 보냈다. 설계를 시작한 지는 넉 달이 지나고 있었다.

1. *건물을 간단하게 만드는 데 목적이 있어서 거실과 침실의 모습은 크게 바뀌지 않았습니다. 장인어른을 고려해야 할 문제가 사라져서 건물이 훨씬 더 명쾌해졌습니다.*

2. *외부 재료는 알루미늄 느낌의 금속판을 생각하고 있습니다. 혹시 이 설계가 예산을 초과하면 외벽을 흰색 회벽으로 바꿔야 합니다.*

3. *외벽을 바꿔도 예산을 초과한다면 거실 상부의 유리를 콘크리트로 바꿔야 합니다. 현재 거실 내부는*

모두 노출콘크리트로 생각하고 있습니다. 바다와
비교하여 좀 박력 있는 거실 풍경이 되기를 기대하고
있습니다.

건축주의 답신이 바로 왔다.

"지난 작품도 마음에 들었는데 이번 건 더욱입니다."

설계와 예산

빨래 던지기

5월 인허가, 6월 말 착공으로 일정을 잡았다. 장마를 감안한 일정이었다. 애초 예상보다 많이 늦어졌다. 설계 완료는 우리의 일이지만 공사 착공은 건축주의 선택이다. 심지어 도면 제출 후 공사 착공을 하지 않는 것도 건축주의 선택이다. 하여간 우리가 제안한 일정은 그랬다.

삼각형 평면에 공간들이 대체로 원만하게 들어가고 기능적으로 작동하는 것은 확신할 수 있었다. 그러나 아직 완벽하게 조정된 것은 아니었다. 실시설계 과정은 여전히 지속적인 타협의 과정이다. 전체 공간으로 보면 지하층은 주차장이 될 수밖에 없다. 그 위에 두 층의 공간이 들어간다. 거실은 두 층 높이를 다 쓴다. 문제들은 사소하지만 모아놓으면 중요해진다.

예를 들면 이런 것들이다. 세탁기는 어느 층에 두어야 하나. 2층에 욕실과 드레스룸이 있으므로 2층에 두는 것이 합리적이다. 그러나 빨래를 말릴 만한 공간은 1층에 있다. 마른 빨래보다는 젖은 빨래가 무겁다. 젖은 빨래는 말리는 공간과 같은 층에 있어야 한다.

대안으로 계속 염두에 두었던 것은 2층 욕실에서 빨랫감을 던져 넣으면 1층의 세탁물 바구니로 쏙 들어가는 방식이었다. 장점은 빨래 던지기가 재미있으리라는 것이다. 건축주도 즐거워했다. 그러나 이렇게 되면 위아래층이 연결되어야 하고 기밀성이 떨어진다. 물론 해결할 수 있는 문제다. 세탁기를 두 개 둘 수도 있다. 그러나 최선의 대안은 아니다. 중요한 것은 예산과 직결되는 사안들이라는 점이었다. 결국 세탁기는 2층으로 올라갔다.

세탁실 대안 스케치.

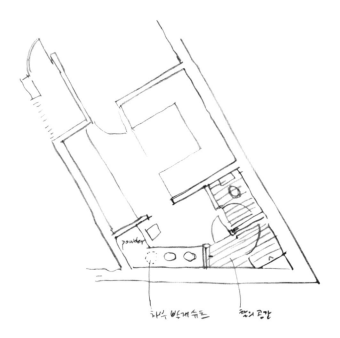

콜라와 비아그라

여전히 외부 마감재가 예산의 변수였다. 다시 한 달 반을 들여 허가와 견적에 필요한 도면을 완성했다. 그리고 꽤 정밀한 수준의 예상 공사비가 나왔다. 혹시나 했는데 역시나 초과였다. 참깨가 아니고 호박이 다시 굴러줘야 했다.

견적을 보는 순간 바로 알루미늄 패널을 포기했다. 줄눈을 맞추기 위해 진행했던 작업들이 일순간에 날아갔다. 그러나 들인 시간 때문에 주저하고 안타까워하는 것은 부질없는 일이다. 나도 지금껏 쌓은 경험 덕에 어떤 결단이 필요한지 판단하는 능력은 생겼다. 갈 수 없는 길에 집착하지 않고 가지 않은 길에 후회하지 않는다.

간혹 시장 개척자가 만든 제품 고유명이 상품 일반명으로 통용되는 경우가 있다. 콜라, 스카치테이프, 포스트잇, 비아그라 등등. 건축에서도 그런 사례가 있는데 드라이빗dryvit이 바로 그것이다. 좀 더 중립적인 단어로는 외벽 단열재라고 하고, 가장 외부의 재료를 지칭하기 위해 스터코stucco 마감이라고 부르기도 한다.

경질 단열재, 소위 '스티로폼'이라고 부르는 것을 외벽에 붙이고 여기 마감 재료를 뿜칠 하거나 붓으로 칠한다. 이 방법의 경쟁력은 막강하다. 일단 싸다. 이것만으로도 모든 다른 가치의 우위에 설 수 있다. 다른 장점이 더 있다.

단열재를 벽체의 제일 외부에 부착하는 것은 결로를 방지하는 최선책이다. 단열재가 내부에 가까울수록 결로 가능성은 높아진다. 그런데 드라이빗 공법은 벽의 가장 바깥 면에 단열재를 붙인다.

게다가 스티로폼은 현장에서 마음대로 가공이 된다. 그러니 신데렐라 성채를 닮은 예식장처럼 화려한 모양을 만들어야 하는 건물에 딱 적합하다. 색깔도 팔레트에서 마음대로 고를 수 있다. 그래도 여전히 싸다.

이것이 바로 단점이다. 결국 싸 보인다. 실제로 내구성도 떨어진다. 그런데 싸 보이는 문제는 시각적인 것이니 해결할 수 있다. 그리고 덜 싸 보이는 유사 제품들도 카탈로그에 등장했다. 그것도 아주 다양해서 예산에 따라 고를 수 있는 수준이 되었다. 우리의 선택도 다르지 않았다. 결국 제일 처음 건축주가 언급했던 '화이트의 입체'가 등장하는 순간이었다.

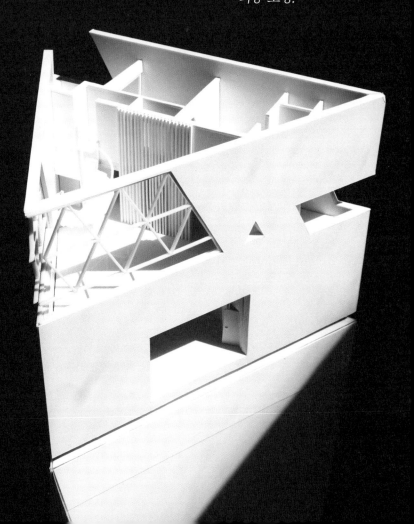

화이트의 입체로 변한
최종 모형.

보이는, 보여주는

실시설계 도면을 완성했다. 실행 단계에 이른 것이다. 완성된 최종 실시설계 도면을 제주도로 가서 건축주에게 전달한 것은 6월 9일이었다. 도면 안에는 우리가 선택한 등기구, 수도꼭지가 모두 명기되어 있었다. 여덟 달이 좀 넘는 시간이 소요되었다. 그리고 집의 이름, 당호도 결정했다.

가끔 미술 전시장에서 만나는 이상한 제목이 있다. 무제. 제목이 없다는 것도 제목이다. 무제도 제목이라고 붙이는 이유는 그것이 없으면 지칭하기 불편하기 때문이다. 불러주지 않으면 그것은 없는 것이라고 했다.

절에 가면 건물마다 이마에 편액이 붙어 있다. 건물이 모조리 비슷하게 생겼으니 이름이 없으면 불편하고 곤란하다. 서양에서는 무심하게 건축주 이름으로 주택 이름을 붙였다. 사보아 가족의 집, 로비 가족의 집, 카우프만 가족의 집.

주택에 이름이 없어도 별 문제는 없다. 주소가 있으니 그걸로 부르면 된다. 사는 집 꼬마의 이름을 붙여 누구네 집이라고 부르기도 한다. 노란 대문집도 건물 이름이다. 그러나 당호가 있으면 편하다. 그리고 중요한 것은, 뭔가 있어 보인다. 철학이 깃든 집 같기도 하고.

내가 설계한 주택의 당호는 대개 내가 정했다. 가장 큰 이유는 건축주들이 당호 짓기를 조심스러워했기 때문이다. 집의 분위기를 가장 잘 알고 있으니 당호를 내가 제안했고 건축주들은 이를 받아들였다.

그런데 이번에는 건축주가 먼저 나섰다. 씨썬재. 나는 건축주의 제안을 무시하고 싶지 않았다. 하지만 의미가 중요했다. 바다와 태양의 집인 'sea sun 재'는 우리에게 필요한 그것, 멋이 없었다.

수평선이 이 집의 가장 중요한 가치라는 생각은 흔들린 적이 없었다. 생각해보면 sun은 수평선의 선線과 발음이 유사하다. 우리는 수평선이 보이는 집을 짓고 있으니 한자로 옮기면 시선재視線齋다. 신기하게 들어맞는 우연이었다. 선을 보는 집.

그러나 잠시 생각해보니 우리는 수평선을 그대로 보게 하는 것이 아니었다. 수평선을 우리가 생각한 방식으로 가공해서 거실의 창에 담으려고 기를 쓰는 중이었다. 우리는 수평선이 '보이는 집'이 아니고 수평선을 '보여주는 집'을 만들고 있었다. 한자를 바꿨다. 당호는 시선재示線齋가 되었다.

당호를 이야기했더니 건축주가 씩 웃으면서 대답했다. "장난으로 말씀드린 건데 실제로 그렇게 지으셨네요."

성의 표시

"제주도에 땅 좀 사두시죠."

해심헌을 설계할 때 건축주가 내게 조언했다. 나는 표표히 제주도를 떠났지만 사람들은 제주도로 몰려들었다. 제주도가 뜨거워졌다. 지구도 더워졌지만 제주도는 유입 인구 때문에 더 달아올랐다.

개발의 열기가 제주도를 달구는 중이다. 세상은 복잡계여서 뜨거워진 개발 바람이 우리에게까지 영향을 미쳤다. 허가를 내주는 서귀포 시청의 담당 부서에 업무 과부하가 걸렸다는 소문이 파다했다. 허가 기한을 넘길 것 같았다.

허가가 며칠 더 늦어진다고 세상이 뒤집히는 건 아니었다. 대형 공사처럼 천문학적 금융 비용이 추가되는 상황도 분명 아니었다. 그러나 착공 시기는 준공 시기와 맞물리고 공사 비용 운용과 연결되는 복잡한 사안이다. 건축주는 조바심이 났을 수도 있으나 내색은 하지 않았다.

시청에서 연락이 왔다. 허가를 내주기에 필요한 조건이 미비하니 서류를 보완하라는 것이었다. 그런데 보완 요청 내용을 보니 이건 분명 시청 공무원이 업무 과중을 핑계로 시간을 끌기 위해 잡는 트집이 아니었다. 주로 대지에 관련된 내용이었고 분쟁을 예방하기 위해서 당연히 짚고 넘어가야 할 사항이었다.

학교를 졸업한 후 유학 가기 전에 잠깐 실무를 하던 때가 있었다. 그 당시 대관 업무는 어두운 거래의 시장이었다. 허가를 신청하면 담당자가 협의를 요구했다. 허가를 받기 위해서 성의를 표하는 봉투가 필요하던 시대였다.

법학을 전공한 후배가 보고는 뭐 이런 법이 다 있느냐고 개탄한 법이 건축법이었다. 허가권자가 자의로 해석하고 임의로 적용할 부분이 두루 퍼져 있다. 그래서 구청, 시청별로 뭐가 되고 안 되는지 알아둬야 한다. 심지어 면적 계산 방법도 소소히 다르다.

협의는 건축법의 적용 수위를 정하는 자리였다. 당시 허가에는 정해진 기한이 없었다. 협의를 위해 구청 건축과에 들어가니 담당자 책상의 첫 번째 서랍이 열려 있었다. 그것이 의미하는 바를 이해하기에 나는 경험도 부족하고 순진했다. 몇 차례 보완 요구가 있었다. 결국 나는 지시대로 "소장님의 성의 표시입니다"라면서 그 서랍에 내 손으로 봉투를 넣었다. 곧 허가가 났다. 나는 이 자랑스런 사회에서 건축을 계속해야 하는지 의구심이 들었다.

그로부터 시간이 한참 지난 뒤의 일이다. 본가를 조금 고쳐야 했다. 계단 하나를 추가하는 일이었다. 행정 절차가 궁금해 구청을 방문했다. 나는 학교에서는 건축 전공 교수지만 구청에서는 민원인이었다. 구청 담당자는 내 질문을 듣고 얼굴을 잠시 보더니 나를 옆에 앉혔다. 그리고 필요한 서류와 도면을 일러주었다. 배치도가 있어야 하는데 북쪽 표시는 이렇게 있어야 하며 공사 전후를 비교할 수 있어야 한다고 친절하게 설명했다. 나는 고맙게도 오랜만에 건축 도면 강의를 들으면서 세상이 바뀌었음을 느꼈다.

6월 25일에 허가가 났다. 허가가 났다는 것은 도면대로 건물을 지어도 된다는 뜻이다. 그러나 건물을 건축주가 직접 짓지는 않는다. 건물을 실제로 지을 사람이 필요하다. 말하자면 우리가 작곡한 도면대로 지시해서 연주할 지휘자가 필요한 시점인 것이다.

흉흉한 여름

예산 안에서 충실하게 지어줄 시공사를 찾아야 한다. 여전히 공사비가 예산을 초과할 것이라는 게 작업팀 내부의 공통적인 짐작이었다. 방안을 찾아야 했다. 이제는 호박뿐 아니라 모든 참깨들이 여기저기서 다 함께 굴러주어야 했다. 어느 참깨가 어떻게 구르면 얼마나 절감될지 깨알처럼 나열되기 시작했다.

건축주 입장에서는 건축가가 시공자를 섭외해서 공사하고 마무리까지 해주는 것이 가장 편하다. 그러나 시공 현장은 그래서 모두 행복하게 잘 살았더라고 끝나는 동화 속 세상과 다르다. 건축주의 기대 수준과 시공비 지불 의지가 반비례 관계로 교차하는 암초의 항로다.

시공 현장은 문제투성이다. 항상 문제가 생긴다. 그런데 시공자를 건축가가 추천하면 문제가 생겼을 때 건축가가 객관적으로 해결하기 어렵다. 건축가는 시공 현장에서 견제와 감시의 역할을 해야 한다. 그것이 감리다. 그래서 나는 가능하면 시공자를 추천하지 않으려고 한다. 추천하더라도 복수 추천으로 결국 건축주가 선택하는 구도를 만들려고 한다.

시공사들을 접촉했다. 예상 공사비의 첫 숫자를 6 아래로 내리기는 어려우리라는 예상들은 여전했다. 복수 추천은커녕 집을 지을 수 있을지도 불투명했다.

인상적인 여름이었다. 충주호의 바닥이 보일 정도로 세상이

말랐다. 중동의 낙타나 걸린다는 질병으로 사람들이 죽었다. 가뭄이 들고 역병이 돈다. 조선 시대였다면 삼도에 민란이 일 게라고 수군거렸을 일이다. 세상은 흉흉했다. 분개하고 불복하고 겁박하는 목소리가 조간 신문부터 소주 탁자 위를 배회하고 있었다. 우리의 여름도 깨알의 숫자를 짜내며 지나갔다. 고소한 기름이 나오는 것이 아니고 공들인 디자인들이 잘려 나갔다.

좋은 인상

마르고 갈라진 7월도 지나가고 있었다. 실무팀이 새로운 시공사를 섭외했다. 건설사의 이사가 내 방을 방문했다. 설계와 시공에서의 잡일은 한 뼘이라도 더 컴퓨터에게 떠넘기려고 노력하는 사람이었다.

노트북을 들고 왔는데 멋있게 보이려는 소품이 아니었다. 실제로 파일과 도면을 오가며 원가 절감 방안을 설명하기 시작했다. 지명되면 본인이 직접 현장 소장으로 나설 것이라고 했다. 우리 설계안에 욕심을 내고 있는 것이 보였다.

그런데 덜어도 시원치 않은 공사 품목에서 추가를 요청한 것이 있었다. 우리는 전혀 생각하지 않았고 기계 설비 엔지니어도 넣지 않은 것이었다. 열교환기였다. 건물 준공 후 가장 우려스런 요소가 바로 물이다. 춥거나 더운 것은 계량화하기 어렵고 보이지도 않는다. 그런데 물은 바로 눈에 보인다.

외부의 물이 들어오지 않도록 방수 처리를 잘할 수는 있다. 그런데 공사장은 이미 많은 물을 품고 있다. 콘크리트가 바로 물을 담고 있는 재료다. 준공 직후는 건물 구조체에 가장 물이 많은 시점이다. 시간이 있으면 벽을 충분히 말린 후 입주하면 된다. 그러나 입주 후까지도 자잘한 공사가 이어지는 것이 현실이다. 공사 과정에 사용된 물이 공사 후 벽과 천장에서 흘러나와 모습을 드러낸다. 그걸 우리가 부르는 단어는 결로고 건축주가 가리키는 단어는 하자다.

실내 결로를 없애는 검증된 방법은 환기다. 그런데 이 환기가 열 손실을 동반한다. 겨울에 환기하겠다고 창문을 열면 찬 바람이 씽하니 들어오는 건 당연하다. 열 손실 없이 환기 문제를 해결하는 기계장치가 바로 열교환기다.

하자를 직접 책임져야 하는 시공자 입장에서는 충분히 요구할 만한 사안이다. 추가에 동의했다. 대신 신중하게 선택했던 우아한 수도꼭지, 샤워기 들이 모두 평범하게 바뀌었다. 가장 큰 덩어리는 거실의 트러스와 여기 붙는 유리였다. 우리의 도면집에는 엔지니어가 그린 도면이 첨부되어 있었다. 이사는 그 도면 그대로 따르지는 않겠지만 나름대로 만들어보겠다고 했다. 나도 엔지니어의 도면이 좀 과하다고 생각하고 있었으므로 주저 없이 동의했다.

선택은 건축주 몫이다. 부가세를 제외한 상태에서 '5.5+옵션'의 공사비가 제시되었다. 옵션은 선택에 따라 가격 변동이 큰 것들이었다. 물론 추천하는 물품과 예상 가격이 첨부되었다. 조경, 부엌 가구, 에어컨 같은 것들이었다.

복수 견적이 아니라는 점이 불편했지만 주택 시공에서는 흔한 상황이었다. 시공자가 직접 제주도에 가서 건축주를 만났다. 계약하고 시공하기로 했다는 소식이 왔다. 나중에 건축주에게 복수 견적이 아니어서 걱정했다고 이야기했더니 건축주의 대답이 의외였다. "소장님 인상이 좋으시던데요?"

지휘자의 등장에 앞서 작곡가가 만든 악보를 좀 더 자세히 살펴볼 때가 되었다. 연주가가 연주 불능이라고 주장해서 작곡가가 악보를 바꾼 사례는 많다. 건물도 고스란히 도면대로 지어지지 않는다. 지속적인 타협과 조정이 필요하다. 도면을 수정하는 과정이 감리다. 이 도면의 연주 결과는 나중에 현장 사진으로 확인하는 걸로 하고 우선 악보를 보며 작곡가의 의도를 살펴보자. 아, 작곡가의 악보가 아니고 건축가의 도면이다.

악보와 도면

자동차 전시장

이 땅은 대중교통 접근성이 좋지 않다. 집을 나서려면 자가용을 이용해야 한다. 그런데 주차장이 요구하는 내용도 간단하지는 않다.

주차장은 말 그대로 자동차를 세워두는 곳이다. 그러나 막상 주택의 주차장에서 벌어지는 사건들은 좀 복잡하다. 특히 차가 중요한 미국이라면 정도가 더 심하다. 현재 세계 최고의 부자들이 사업을 시작한 곳이 바로 자기 집 주차장이었다. 주차장은 온갖 장비를 동원해 무언가를 뜯어고치는 정비소가 되기도 한다. 주차장은 언제 쓸지 모르는 물건들을 쟁여놓는 창고가 되기도 한다. 단어로 바꾸면 '기타'에 해당하는 공간이다.

처음 만난 날 건축주 부부는 검은색 세단을 타고 와 기다리고 있었다. 주행 거리가 18만 킬로미터에 이르는 차였지만 엔진 소리에는 세심하게 관리해온 흔적이 뚜렷했다. 세차가 취미라고 했을 때 그것은 차에 물을 끼얹는 것 이상을 의미한다. 자동차에 대한 관심과 애정을 표현하는 문장이었다. 그러니 이 집의 주차장은 뭔가 다른 것을 요구하고 있었다. 자동차는 주차장에 처박아두기도 하고, 세워두기도 하고, 모셔두기도 한다. 건축주는 세 번째를 선택할 것이다.

이 주차장은 자신의 애마를 보관하는 전시장 역할을 해야 한다. 바로 자신에게 보여주는 전시장. 그 전시는 자동차 대리점처

럼 번쩍거리는 것이 아니다. 소박하면서도 우아한 전시다. 잡다
한 노역의 작업장과 우아한 전시장을 더하면 이 주차장이 나온
다. 사실 이건 풀기 어렵지 않았다. 공간 구획으로 해결할 수 있
었다.

줄눈 삭제

이 건물의 평면은 정삼각형인데 주차장은 사각형이 표준이다. 삼각형에 내접하는 사각형을 만들어 주차장을 구획하면 세 모서리에 남는 공간이 생긴다. 건축주는 서핑 후 간단히 씻을 공간을 원했다. 샤워실과 기계실, 창고가 모두 자투리로 잘린 공간에 배치되었다. 작업장이라고 부를 공간이었다.

다음 과제는 전시장과 작업장을 어떻게 분리하느냐는 것이었다. 시각적으로만 분리하면 된다. 가장 저렴한 재료인 콘크리트 블록을 쌓아 벽을 만들기로 했다. 벽이 천장까지 올라갈 필요도, 문으로 나뉠 필요도 없었다. 그러나 이 벽은 가장 단순한 배경이어야 했다. 전시장이므로.

벽돌이나 블록은 위아래를 옆으로 교차하며 쌓게 된다. 그래서 수평으로는 선이 이어지지만 수직으로는 선이 단절된다. 줄눈이 막힌다고 표현한다. 일반적인 벽돌벽을 생각하면 된다. 우리는 가장 밋밋한 벽을 얻어야 했고 그래서 통줄눈을 선택했다. 수직으로 선이 이어지고 입면으로는 간단하게 격자 모양의 줄눈이 생겼다.

블록은 시멘트풀로 접착해가면서 쌓는다. 그래서 벽에는 1센티미터 정도 두께의 줄눈이 생긴다. 지금 이 주차장에서 필요한 벽은 자동차를 전면에 부각해줄 가장 밋밋한 배경이다. 그래서 콘크리트블록을 쌓을 때 이 1센티미터도 보이지 않도록 했다.

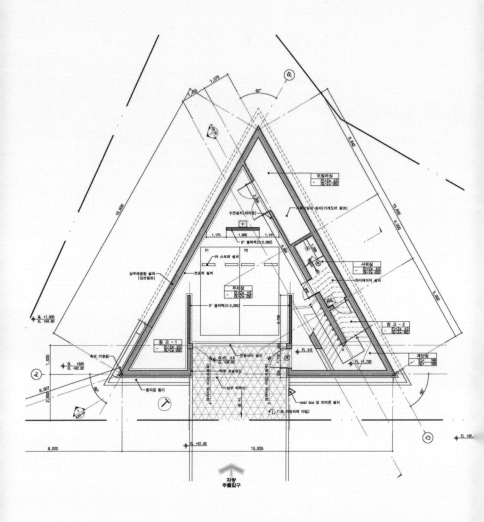

지하 1층 평면도

주차장은 사각형이고 자투리 공간에 창고,
보일러실, 샤워실 등을 배치하였다.

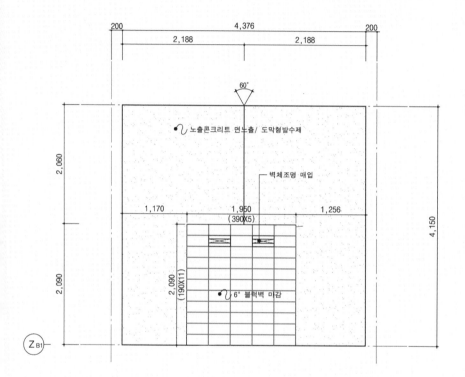

200   4,376   200

2,188   2,188

60°

노출콘크리트 면노출/ 도막형발수제

벽체조명 매입

1,170   1,950   1,256
(390X5)

2,060

2,090

2,090
(190X11)

4,150

6" 블럭벽 마감

Z B1

주차장 전개도

주차장 콘크리트블록 벽체의 줄눈.

물론 일반적인 방식이 아니다. 줄눈을 최소화하려니 좀 더 번잡할 수밖에 없다. 우리가 도면에 제시한 시공 방법도 있었으나 시공팀이 더 편한 방식을 찾아서 제안하면 동의하면 될 일이었다. 우리에게는 시멘트 줄눈이 없다는 것이 중요했다.

자동차는 직각 주행을 할 수 없고 계단을 오르지도 못한다. 그래서 주차장의 바닥면은 도로면과 같은 높이를 유지해야 한다. 대한민국 법규는 주차장 높이가 2.1미터만 넘으면 된다고 규정하고 있다. 그러나 이 집에서는 주차장 위에 얹히는 거실이 수평선을 보기 위해 최대한 높이 올라가야 했다. 결국 주차장 상부 슬래브가 기능적, 법적 요구보다 훨씬 높아져야 한다.

주차장은 이 집의 공간이 시작되는 곳이다. 우리는 천장이 엄청나게 높은 주차장을 만들고 있다는 점을 잊지 않았다. 결국 그 높이 때문에 시선은 위로 향할 것이다. 슬래브 받칠 보가 필요하다. 거기에 이 집의 사인을 만들었다. 보를 큼지막한 삼각형으로 짜 넣었다. 차에서 내렸으면 이제 계단을 올라야 한다.

계단의 사연

건축과 저학년 학생들의 수준이 여실히 드러나는 도면이 바로 계단이다. 계단의 치수와 구조에 관한 감각이 없는 것이다. 그래서 학생들에게는 계단만 따로 한두 시간 강의하기도 한다. 계단의 설계에 관한 단행본 서적들도 적지 않다.

계단의 정확한 이해와 우아한 처리는 학생뿐 아니라 전문 건축가의 수준을 보여주는 지표가 되기도 한다. 그래서 나는 건물을 방문하면 계단을 보고 그 건축가의 내공을 가늠하고는 한다.

계단실의 양 벽과 바닥은 콘크리트 외에는 별 대안이 없었다. 줄눈은 쌓아서 만드는 벽체에만 생기는 것이 아니다. 콘크리트 벽체에도 생긴다. 가장 저렴하게 콘크리트 벽을 세울 때는 기성재 거푸집을 사용한다. 콘크리트 표면에 뭔가를 덧대 마감할 생각이라면 이걸 사용하는 것이 상식이다. 그러나 노출면이 된다면 합판을 오려서 조합한 거푸집을 사용한다. 우리의 주차장 벽체에도 콘크리트가 노출된다. 합판과 합판 사이의 접합부가 만드는 줄눈이 드러난다.

그런데 이 합판의 줄눈에 맞출 수 없는 부분이 생기는 곳이 바로 계단이다. 계단은 사람이 두 다리로 오르내리는 공간이다. 사람이 편안하게 오를 수 있는 계단의 높이가 있다. 그런데 그 다리는 합판이 아니고 인체의 한 부분이어서 아무리 머리를 써도 그 치수가 합판의 크기와 잘 맞지 않는다.

구조체가 벽돌이라면 문제는 더 복잡하다. 벽돌이 모여 줄눈을 만든다. 이 치수가 계단 치수와 맞기란 더 어렵다. 기성 벽돌의 크기가 고정되어 있어 이 치수를 더했을 때 편안하게 오를 수 있는 계단 높이와 맞지 않는다.

우리는 다행스럽게도 콘크리트 벽면을 다루고 있다. 합판을 잘라 가공할 수 있다. 거푸집을 모조리 오려서 계단 치수의 정수배에 맞출 수도 있다. 그러면 건물의 다른 수평선들이 모두 깨지게 된다. 문제를 해결할 수 없을 때 대안의 하나는 문제를 없애는 것이다. 계단과 벽체를 분리했다. 계단의 옆면을 벽에서 떼어내서 계단 선이 콘크리트 벽과 만나지 않게 한 것이다.

계단을 오르려면 옆에 난간도 필요하다. 그 난간을 그냥 벽에 붙여놓고 싶지는 않았다. 꼭 여기에 난간이 있어야 했다고 이야기하는 벽을 만들고 싶었다. 동그란 난간에 꼭 맞도록 콘크리트를 파냈다.

계단의 옆면이 벽과 만나지
않도록 파낸 스케치.

부석사 석등

계단을 오른다. 이 표현은 밥을 먹는다는 말처럼 무심하다. 이 계단이 무심한 동선의 공간이 아니라 우아한 전주곡이자 깔끔한 전체가 될 수 없을까. 궁금한 초대장이나 신비로운 입구가 될 수는 없을까. 아직은 드러낼 수도, 설명할 수도 없는 무언가가 계단 너머에 있다고 이야기할 수 없을까. 그러기 위해서는 건네야 할 이야기의 내용부터 정리해야 한다.

계단실 너머 저 높이 좌우대칭 공간이 보인다. 다시 삼각형이 등장할 차례다. 계단 끝의 철판을 도려내고 그 너머 흰 벽을 붉은 조명이 비추도록 했다. 아마 우리 눈은 붉은 조명에 쉽게 초점을 맞추지 못할 것이다. 과연 저 붉은색은, 저 벽은, 저 공간은 무엇일까. 궁금하면 올라오세요. 아니 올라오기 전에 잠시 상상하세요. 뭔지 맞혀보세요.

이 계단은 비스듬하게 뒤틀려 있다. 멋있어 보이려는 것이 아니다. 들어가야 할 공간의 방향을 이야기하는 것이다. 계단 끝의 왼쪽은 현관이고 오른쪽은 마당이다. 이 계단실에서는 현관으로 가야 한다. 뒤틀린 방향은 진행해야 할 방향을 안내한다. 계단을 올라가면서 왼쪽으로 들어가라고 요구한다.

사실 이 계단은 설계 마무리까지 골치였다. 공간의 크기는 제한되어 있는데 정해진 높이까지 올라가기 위한 계단의 단 수가 하나 부족했다. 이리 밀고 저리 밀어도 적절한 치수로 만들 수가

안양루 아래서 왼쪽으로 치우쳐
있는 석등. 무량수전의 오른쪽으로
들어가라고 넌지시 이야기한다.

없었다. 잘못하면 중간에 머리를 부딪혔다. 계단을 비튼 덕분에
부족한 한 단을 끼워 넣을 수 있었다. 만족스런 해결이었다.

부석사 무량수전 마당의 석등은 안양문 아래 입구의 왼쪽으로
살짝 비껴나 있다. 오른쪽으로 들어가라고 암시하는 것이다. 우
리의 도면을 본 누군가는 쉽게 알아차렸다.

"부석사로군."

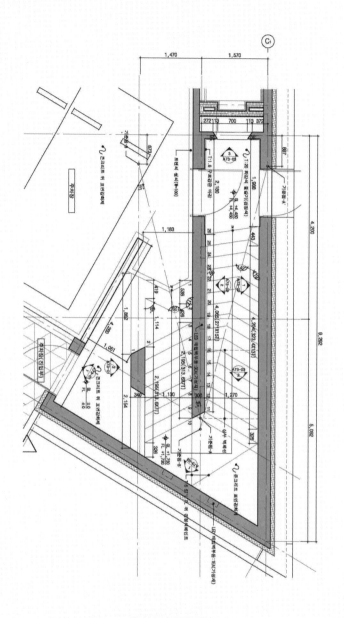

계단실 평면 상세도

검은 초대장

댓돌이 진화한 것이 현관이다. 그저 비를 피하면 되던 주거가 기밀한 주거로 변하면서 내·외부를 연결하는 공간이 작아졌다. 현관은 신발을 벗는 공간이다. 이건 가장 기능적인 설명이다. 그러나 현관은 건물의 내부와 외부를 연결하는 공간적 매듭이기도 하다. 어떤 매듭은 그냥 묶기에 급급하다. 그러나 과연 어떻게 묶었기에 저런 모습이 나올지 궁금해질 정도로 우아한 매듭이 있다.

계단실에서 검은색 철문을 열고 현관에 들어서면 벽, 바닥, 천장이 모두 검은색으로 덮여 있다. 검은색에도 여러 검은색이 있다. 여기서는 가장 검은색이 사용되었다. 계단의 거친 무광면에 비해 현관 내부는 모두 유리 반사면들이다. 바닥 재료도 곱게 갈아낸 검은 돌이라 빛을 반사한다.

우리가 어릴 때 들여다보고 놀던 것에 만화경이 있다. 영어로는 칼레이도스코프kaleidoscope라고 부른다. 오래전 제주도행 비행기에 비치되어 있던 기내지 이름이기도 했다. 거울을 삼각형 통으로 만들어 붙이고 끝에 색종이를 잘라 뿌리면 그 반사가 초현실적인 모습을 그려낸다. 나는 이 현관이 그런 만화경 같은 공간이기를 기대했다. 수평선이 무한히 확장되는 만화경의 공간.

만화경 너머에 있는 것은 거실에 담긴 바다다. 배경이 검은색이니 그 푸른색이 더욱 강조될 것이다. 그리고 현관문을 열기 전에 왜 그렇게 붉은색을 보도록 했는지 알게 될 것이다.

현관은 신발 벗기 전과 벗은 후의 공간으로 나뉜다. 분리는 일반적으로 낮은 단 차이로 이루어진다. 나는 그 단을 통해 공간의 방향을 지시하면서 잠깐 지체를 요구하는 중이다.

음식이 나오자마자 젓가락으로 휘휘 젓고 말아 넣는 것은 짜장면 먹을 때의 모습이다. 나는 차분히 전채를 먹으면서 다음에 나올 주요리를 기대하라고 말하는 주방장이고 싶었다. 그냥 신발 벗고 뚜벅뚜벅 걸어 들어가려는 발부리를 잡고 싶었다. 나는 저 문 너머에 있는 모습을 궁금해하고 기대하라고 요구하는 것이다.

이 집은 일상의 주택이지만 우아한 파티 초대장을 건네는 집이기를 바랐다. 건너편 창 너머에는 명도, 채도를 항상 새롭게 바꿔 보여주는 바다가 있으므로. 항상 새로운 모습의 바다가.

거실 패션쇼

거실에 들어서면 새로운 반전이 준비되어 있다. 검은 현관과 전혀 다른, 온통 흰 공간이다. 현관과는 비교할 수 없이 큰 공간이다. 그 끝의 창으로 이 집에서 가장 중요한 부분이 제대로 드러난다. 우리가 보여주고 싶은 바다의 모습이다. 느낌표가 찍혀 있는 바다다. 이곳이 거실이다.

그런데 좀 사소해 보이지만 중요한 문제가 있었다. 창이 수평선을 제대로 담기 위해서는 눈높이가 확인되어야 한다. 창이 낮다면 지저분한 동네 모습이 눈에 들어올 것이다. 창이 키에 비해 높다면 하늘만 보게 될 것이다. 그런데 부부의 키가 달랐다. 누구의 키에 맞춰야 하나.

선택해야 한다. 어느 한 사람은 지저분한 풍경이 포함된 수평선을 보거나 수평선이 없는 하늘을 봐야 한다. 지저분한 풍경을 배제하기로 했다. 남편의 키에 맞춰 창 높이가 결정되었다. 이 결정은 사실 쉽지 않았다. 아무도 몰라주겠지만 사실 내가 차별주의자가 아닌가 하는 의구심도 들었던 사안이다.

거실에 들어서면 앉아 있는 경우가 많다. 눈높이가 낮아진다. 이때도 수평선이 보이려면 거실 바닥이 높아져야 한다. 거실 내부에 계단이 생겼다. 현관에서 들어설 때는 서 있는 높이, 거실 안으로 들어왔을 때는 앉은 높이에 맞춰 수평선이 보인다. 앉은 키와 선키의 차이가 바로 바닥 높이의 차이다. 미안하게도 여전

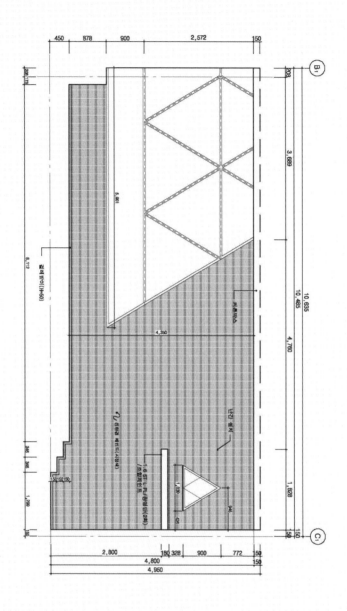

거실 전개도

바닥 높이가 다른 거실을 보여주는 단면도. 왼쪽의
높은 곳은 앉아 있을 때, 오른쪽의 낮은 곳은 서 있을
때의 눈높이가 수평선에 맞도록 한 것이다.

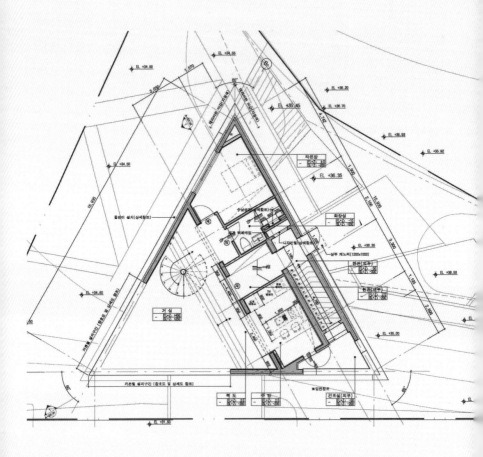

지상 1층 평면도

히 기준은 남편이다.

계단은 거실 전체를 수평으로 가로지른다. 먼 수평선과 모습을 맞추기 위한 것이다. 그 계단을 올라야 거실이다. 거실로 걸어가는 것이 아니고 거실에 출연하거나 등장하는 것이다. 패션쇼 런웨이가 머릿속에 있었다.

존재의 부재

도면을 그리는 마지막 순간까지 결정하지 못한 것이 있다. 워낙 중요한 문제였고 풀기 어려웠기 때문이다. 수평창 모서리 처리 방법이다. 유리 모서리를 어떻게 접합해야 하는가.

유리는 단열 성능이 좋지 않다. 얇게 쓰는 재료라는 점도 영향이 있다. 그래서 나온 대안이 복층유리다. 유리 사이에 공기층을 두어 그 공기가 단열재 역할을 하게 하는 것이다. 공기층을 두고 유리 두 장을 접합하면 테두리에 접합재료의 검은 띠가 생긴다.

선녀는 훨훨 날아야 한다. 그런데 우리의 선녀는 몸무게가 꽤 나간다는 현실을 무시할 수 없다. 수평창은 검은 수직선이라는 현실적인 문제로부터 자유롭지 않다. 두 장의 유리를 좌우에서 끼워야 하니 그 검은 선의 굵기는 두 배가 된다. 두 유리를 붙이기 위한 선이 거기 추가되어야 한다. 유리가 직각으로 만난다면 그나마 디테일을 풀기 쉽다. 그런데 60도로 만나는 창은 좀 어렵다. 모형을 만들면서 몇 번 경험한 사안이다.

중요한 것은 수평선이다. 지향점은 단절 없이 가로지르는 수평선이다. 그런데 모서리 상황은 중간에 수직선을 요구한다. 그것도 검은색이다. 결국 그 수직선을 가장 얇게 만드는 방법을 찾아야 한다. 가장 좋은 방법은 '있어도 없는 것'처럼 보이는 것이다. 부재에 가까운 존재의 탐색. 존재하나 부재하는 방식의 추구. 철학책에 나올 만한 주제가 현실에 있었다.

대안은 단판유리다. 단열 문제를 무시하면 된다. 면적이 크지 않아 복층유리가 아니어도 될 것 같기도 했다. 적어도 법적인 문제는 없다. 복층유리의 검은 선이 없어지고 두 유리가 만나는 모서리에 투명한 접합제를 사용할 수 있다. 부재에 가까운 존재의 구현이다. 그런데 현실은 여전히 녹록지 않다. 겨울철 유리 안쪽 면에 생기는 결로 현상을 피할 길이 없다. 제주도라면 결로가 적기는 할 것이다.

하여간 결로는 눈에 띄고 바로 하자로 판정된다. 사람들은 결로 문제에 특별히 민감하고 대단히 신경질적이 된다. 설계 단계에서는 결론을 내지 못했다. 일단 도면에는 단판유리로 표기하고 시공 과정에서 협의하기로 했다.

무아레 효과

다시 바다를 보자. 바다가 수평선이기만 하다면 우리는 바다를 보러 바다로 갈 필요가 없다. 컴퓨터 검색만으로도 차고 넘치는 수평선을 만날 수 있다. 바다가 보여주는 것은 수평선과 그 위에 담긴 거대함이다. 그래서 옥색 수평선 위의 쪽빛 하늘도 중요하다. 그것도 함께 담아야 바다를 담는 것이다.

이 집의 문제는 바다가 남서쪽으로 치우쳐 있다는 것이다. 하늘을 담겠다고 거대한 창을 내면 여름 오후에 감당할 수 없는 냉방부하를 덤으로 얻는다. 하늘은 담되 햇빛은 걸러야 한다.

결국 창을 위아래 두 부분으로 나눴다. 수평선을 보여주는 수평창에는 가장 길고 투명한 유리를 끼운다. 모서리 기둥이 없으므로 상부에 커다란 트러스를 얹어야 했다. 트러스는 거실에서 집의 형태적 주제인 삼각형을 강조하는 훌륭한 장치다. 트러스가 구조체로 작동하려면 삼각형으로 짜야 하니 사실 다른 수도 없었다. 트러스를 이루는 부재의 단면도 모두 삼각형으로 그렸다.

하늘을 보여주는 창은 그 트러스와 조합했다. 이 창들은 하늘의 색과 크기만 보여주면 된다. 적당한 패턴으로 프린트한 유리를 붙인다. 중요한 것은 패턴이 아니고 그 너머의 하늘이므로 패턴이 시선을 잡으면 안 된다. 눈의 초점이 맞지 않도록 하는 패턴을 찾아야 한다.

상단의 유리창 부분은 열효율 때문에 복층유리를 사용할 수밖에 없다. 이 유리의 양면에 패턴을 인쇄한 후 생기는 이미지를 실험했다. 유리 두 장의 패턴이 다르면 제작 단가가 올라간다. 각 유리에 동일한 패턴을 인쇄하고 유리의 각도를 다르게 하면 생각하지 못했던 효과가 생긴다.

과정은 체계적이지 않고 선택도 논리적일 수 없다. 무작정 그려보고 만들어봐야 했고 눈을 믿어야 했다. 선으로도 그리고 면으로도 그려봤다. 결국 점의 조합이 그 종착점에 가깝다고 판단했다. 점의 모양도 다양했다. 그러나 결국 동그란 원으로 만든 점을 선택하기로 했다. 양각인지 음각인지도 실험했다. 무아레moire 효과라고 부르는, 그 무늬가 생겼다.

유리의 인쇄 패턴은 결국 실물로 확인해야 한다. 유리는 워낙 빛에 민감한 재료여서 실물을 자연광 아래서 보지 않고 판단하는 것은 위험하다. 그래서 일단 도면에는 우리가 제시하는 패턴만 그려 넣었다.

다양한 유리 패턴 시안.

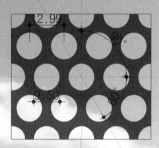

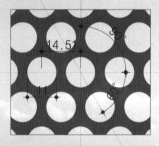

알람브라 궁전의 천장

지붕이 없으면 건물이 아니다. 건물은 비를 막기 위한 공간이고 그 비는 지붕이 막는다. 내가 건축의 역사는 지붕의 역사라고 단언하는 것은 그런 연고다. 물리적 재료로 허공을 가로지르려는 지난한 시도가 건축 역사를 관통하는 화두다.

시공의 흔적이 지붕에 새겨진다. 그래서 우리는 전통 건축물을 답사할 때 고개를 들고 이리저리 휘저으며 천장을 관찰하곤 한다. 서양의 고딕 성당에서도 우리는 천장을 보느라 고개를 젖힌 채로 감탄사를 쏟아낸다. 음악 속의 알람브라 궁전이 보여주는 것은 아늑한 물의 정원이다. 건축적 성취로 알람브라 궁전이 보여주는 것은 현란하고 환상적인 천장이다.

인류 역사를 다 털어보아도 광적으로 건축에 매달린 희귀한 시절과 문화권의 이야기다. 지금은 이처럼 화려한 천장을 만드는 시대가 아니다. 더구나 지금은 지붕의 난관이 많이 줄었다. 석유 부산물로 만든 방수재가 등장하고 콘크리트 슬래브가 일상화되었다. 이제는 평지붕이 제일 흔하다. 이 집도 지붕이 평평하다.

그러나 내게는 여전히 천장에 대한 집착이 있다. 바닥과 벽은 일상을 통해 온갖 가구와 물품으로 덮인다. 천장은 실내의 면 중 유일하게 그대로 남아 온전히 건축가의 의지를 보여준다. 천장은 공간의 얼굴이다.

평지붕 슬래브가 처지지 않기 위해서는 보가 필요하다. 이 보

©이강업

알람브라 궁전의 천장.

가 집의 주제를 보여주기를 기대했다. 거실 천장의 보도 삼각형을 이루게 되었다. 주차장 천장이 서문이었다면 거실 천장은 본문이다. 분칠하고 속눈썹을 붙여 만든 얼굴이 아닌 맨 얼굴로 주제를 보여주고자 했다. 석고보드를 붙여서 흉내만 낸 삼각형이 아니고 진짜 구조체로서의 삼각형이고자 했다. 그래서 거실 천장은 콘크리트를 노출하기로 했다.

처음에는 거실의 벽도 노출콘크리트를 생각했다. 그러나 작업 팀원들이 일상에서는 부담스러울 수 있겠다는 의견을 제시했다. 현실은 현실이다. 벽은 외벽처럼 흰 스터코로 마감하기로 했다.

남은 것은 바닥이다. 우리는 실내에서 일관되게 흰 삼각형에 집착하고 있었다. 바닥도 모두 같은 주제다. 재료는 항상 예산의 범위 안에서 저울질해야 한다. 일단 가장 흰색을 내는 인조석을 선택했다. 삼각형 줄눈의 바닥이었다.

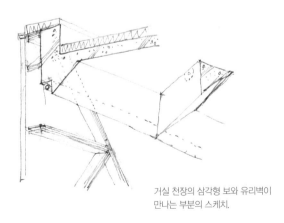

거실 천장의 삼각형 보와 유리벽이
만나는 부분의 스케치.

프리마돈나의 발끝

그런데 삼각형으로 해결할 수 없는 부분이 있었다. 거실에서 2층으로 올라가는 계단이었다. 거실 어디에도 속하지 않았다. 삼각형 공간 속 삼각형 계단은 오히려 이상했고 기능적으로 좋지도 않았다. 삼각 대형 군무에 밀어 넣을 수 없는 거실의 프리마돈나였다. 삼각형 공간을 배경으로 확실하게 부각되는 우아한 원형계단을 선택했다. 입체면 나선계단이다. 문제는 어떤 원형계단이 우아하냐는 것이었다.

허공으로 날아오른 발레리나 사진이 있다. 발끝으로 선 것도 아니고 허공에 날아오른 모습 그대로 포착된 상태다. 이 계단은 삼각형 배경에서 그렇게 혼자 날아올라야 했다. 지붕 슬래브에 매달린 원형계단을 반복해서 스케치했다. 바닥이 떠 있는 것이다. 현실적인 이야기지만 분명 바닥을 청소하기도 훨씬 쉬울 것이다.

발레리나는 주먹을 불끈 쥐고 있지 않다. 손끝의 디테일까지 모두 중요하다. 우아한 계단은 중심의 원기둥에 계단판의 한쪽 끝만 살짝 접합된 모습이겠다. 구조상 문제될 것은 없었다. 그러나 경험상 철제 원형계단의 문제는 걸을 때 흔들리거나 울린다. 단어로 표현하면 의성어겠다. 텅텅. 게다가 우리의 계단은 작지 않았다.

계산상 위험하지 않아도 흔들려서 사용자가 불편해한다면 선택할 수 없다. 결국 계단판의 반대쪽 면도 판끼리 접합하기로 했다. 그렇다면 계단을 천장에 매다는 것도 의미가 없었다. 결국 계단 기둥은 바닥 슬래브에 세우기로 결정했다. 발레리나의 발끝이 바닥에 닿았다. 알아주지 않지만 중요한 것을 또 타협한 순간이었다.

원형계단은 계단 중 치수와 형태 잡기가 가장 어렵다. 정교하고 오차 없는 도면을 시공 현장에 전달해야 한다. 이 원형계단의 도면을 완성하는 데 꼬박 열흘이 걸렸다.

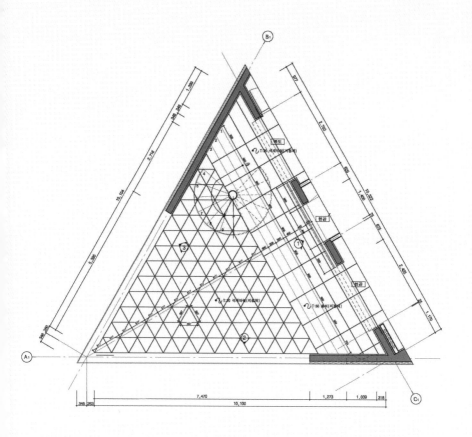

거실 바닥 패턴도

거실의 삼각형 줄눈과 원형계단.

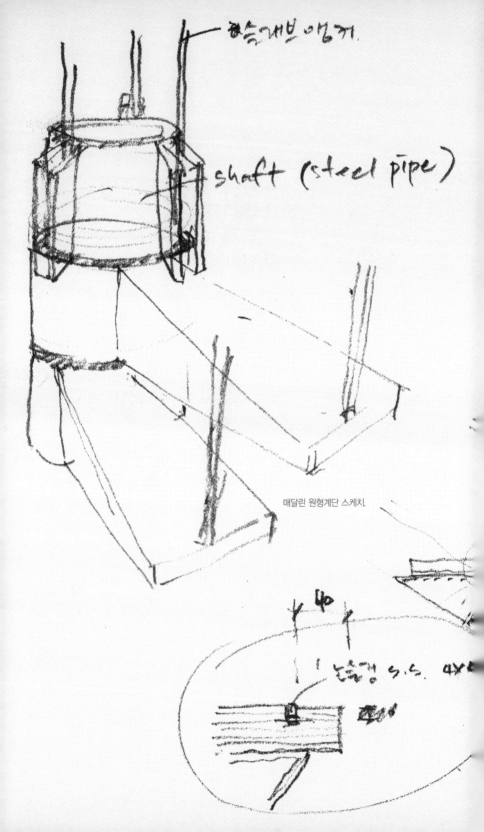

철슨계브 앱기.

shaft (steel pipe)

매달린 원형계단 스케치.

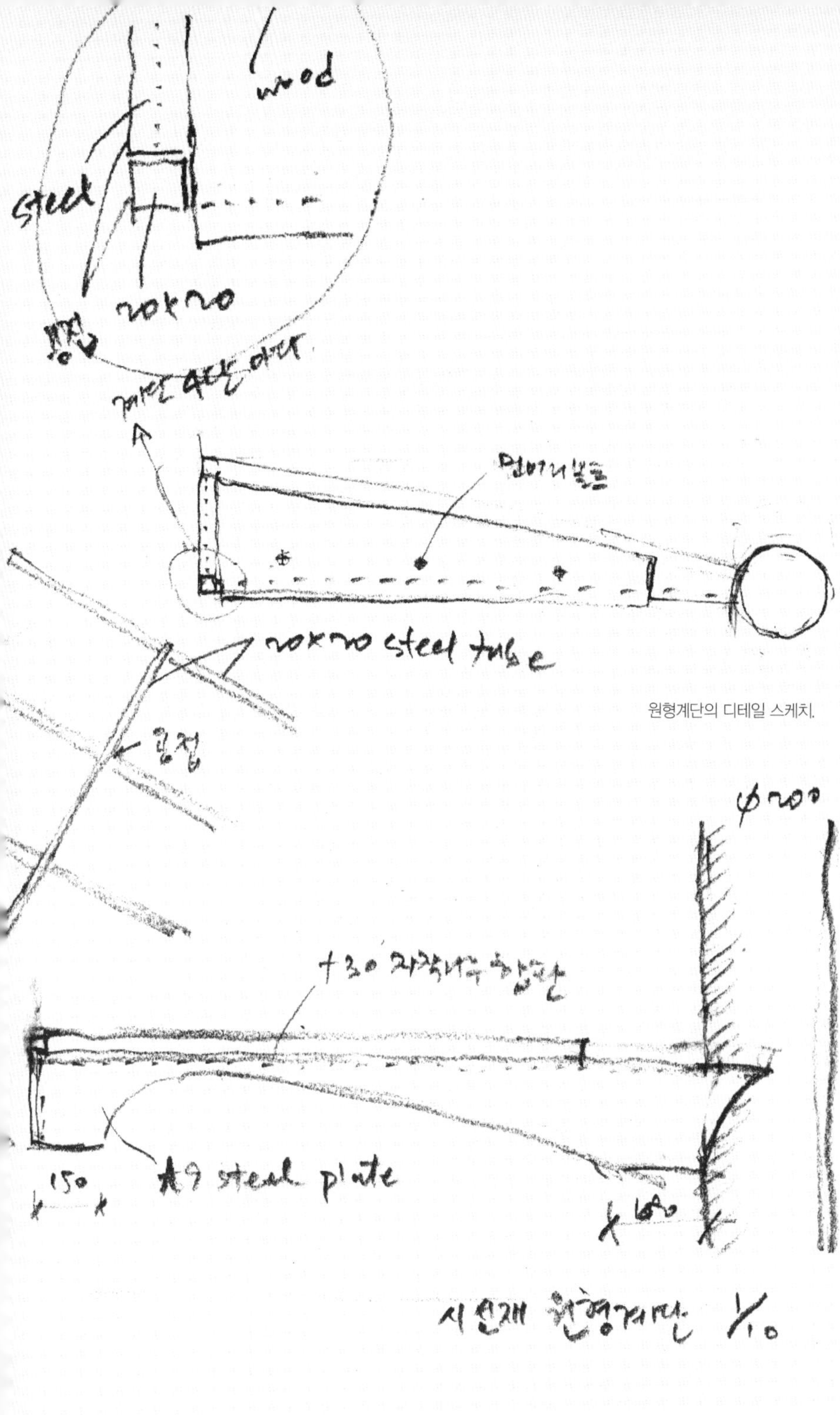

wod

steel

20x20

계단 상단 디테

20x20 steel tube

용접

원형계단의 디테일 스케치.

φ700

+30 파격나무 합판

A9 steel plate

150

600

시선재 원형계단 ⅟₁₀

열린 화장실

집은 처음에 불 피우는 공간이었을 것이다. 그래서 집의 심장은, 집의 마음은 부엌이다. 부엌이 없다면 그것은 집이 아니고 기숙 사다. 부엌은 야구장으로 치면 포수석이다. 포수가 앉아서 내·외 야수를 통제하고 간섭하듯 부엌도 집에서 그런 공간이 되어야 한 다. 그래서 부엌의 작업대는 참선하듯 면벽해서는 안 된다고 생 각해왔고 실제로 그렇게 도면을 그렸다.

먹었으면 내보내야 한다. 우리의 화장실은 곧 우리의 문화다. 나름 독특하다는 것이다. 우리 화장실에는 욕조, 세면대, 변기라 는 3요소가 한 공간에 사이좋게 들어간다. 그러나 이들을 배치하 는 방식은 일본과 다르고 북한과도 다르다.

우리 화장실의 문제는 변기와 욕조를 동시에 사용하기 어렵 다는 것이다. 우리 것이 좋은 건 알겠는데 이런 구성은 좋지 않 다. 이 집에서는 2층 화장실이 가장 빈번하게 이용될 것이다. 그 래서 이 용도를 죄 구분했다. 동시 사용이 모두 가능하도록 한 것이다. 건축주가 욕조는 필요 없다고 했으므로 대신 샤워실이 추가되었다.

화장실은 가장 개인적인 공간이다. 그래서 대개는 화장실에 시건장치를 둔다. 내부에서 문을 잠글 수 있도록 하는 것이다. 그 런데 과연 그 일방적인 장치가 꼭 필요할까 의구심이 들었다. 누 군가 사용하고 있다고 표현만 해주면 되지 않을까. 예전에 뒷간에서 "에헴" 하는 인기척이 그 역할을 했던 것처럼.

이 집에서는 문 내부에 시건장치가 없다. 말하자면 잠글 수 없다. 화장실 문도 마찬가지다. 대신 문에 조명창이 하나씩 달려 있다. 내부에 조명이 켜지면서 그 모습을 조명창이 보여준다. 물론 창 모양은 삼각형이다.

실시설계의 마무리는 일상의 문제를 우아하게 푸는 것이다. 벽과 바닥이 만나는 곳에는 걸레받이라는 것을 만든다. 걸레받이 없이 벽을 만들어도 집이 무너지지는 않는다. 그러나 벽면의 하단이 지저분해지는 것을 못 참는 경우가 많다. 그래서 걸레받이를 댄다.

거실 재료가 흰 스터코니 걸레받이가 필요하기는 했다. 설계실장이 좀 신기한 제안을 했다. 걸레받이를 거울 같은 스테인리스스틸로 만들면 바닥이 반사되어 초현실적인 모습이 되지 않겠느냐는 것이었다. 초현실이라는 단어는 마법이고 주술이었다. 거실의 걸레받이는 스테인리스스틸로 즉시 결정되었다.

패션 재앙

건축주가 강조한 것은 패션에 대한 집착이었다. 요즘의 아파트
는 안방에 드레스룸을 붙여놓는다. 그런데 안방이 햇빛이 가장
잘 드는 곳을 선점하다 보니 드레스룸은 어두운 구석으로 몰리
게 된다. 건축주로 미루어 볼 때 이 집에서 드레스룸은 옷 걸어
놓는 창고가 아니었다. 밖에 나가기 전에 확실히 패션을 확인하
는 장소여야 했다.

　옷은 식물이 아니므로 태양광을 직접 볼 절박한 필요는 없다.
그러나 가끔 치명적인 문제가 생긴다. 인공조명이 만드는 색이
자연광을 받을 때와 다르기 때문이다. 집에서 분명히 맞춰 입은
검은색 상·하의가 햇빛 아래서는 다른 색일 수 있다. 그건 패션
재앙이다.

　이 드레스룸도 자연광 아래서의 조건이 재현되어야 했다. 그
래서 이 드레스룸에는 천창이 설치되었다. 오늘의 자연광 상태
를 가장 잘 보여주는 건축적 장치다. 사실 한국에서 천창은 좀
위험한 선택이기는 하다. 끓여 먹는 요리가 많아 실내 습도가 높
다 보니 천창에서 결로가 가장 잘 생긴다.

　천창에 관해서는 '문추헌' 건축주의 요구가 가장 인상적이었
다. 지극히 검소한 주택이어서 천창을 낼 상황도 아니었다. 그러
나 건축주가 천창이 있으면 좋겠다는 생각을 살짝 내비쳤다. 결
로의 위험이 있고 물이 바닥에 떨어져서 주저된다는 이야기에

건축주는 간단히 대답했다. "닦으면 되지요." 바닥을 닦는 수고보다 별을 보는 가치가 더 중요하다고 했다. 결국 천창을 냈고 집에서 가장 빛나는 부분이 되었다.

건축주는 환기 가능한 드레스룸을 요청했다. 환기가 되지 않으면 옷 관리에 문제가 생기기도 한다. 그래서 창도 마련했다. 당연히 삼각형으로. 그런데 이 정삼각형도 선택해야 한다. 모서리가 위로 가느냐 혹은 아래로 가느냐. 여는 방법과 함께 외관의 다른 부분과 조화를 생각해야 한다. 쉬운 일이 없다.

창은 무엇인가. 창은 왜 필요한가. 창은 햇빛을 불러들이고 환기를 가능하게 해준다. 바깥 경치를 보여주고 소리도 들여보낸다. 환기를 위해서 창은 열려야 한다. 그러면 덩달아 성가신 파리와 모기도 들락거릴 수 있다. 열리는 창이 되는 순간 구성이 복잡해지면서 창틀이 굵어진다.

나는 수평창 너머 보이는 수평선이 말끔한 액자 안에 담기기를 원했다. 거기 두꺼운 창틀이 끼어들지 않기를 바랐다. 그래서 거실 수평창은 열 수 없는 고정창이다. 봉창이라는 것이다. 그러나 이 집도 환기를 해야 하니 장치가 마련되어야 한다. 별도로 열리는 창이 필요하다.

건물 외관은 모두 알루미늄 패널의 규격에 의해 결정되었다. 입구, 창문 등의 크기와 위치가 모두 이 패널의 정수배에 맞춰 설계되었다. 예산 때문에 알루미늄 패널이 사라졌지만 그 벽에 있었던 창 위치를 바꾸지는 않았다. 형태도 유지했다. 이 흰 벽에서 열리는 창은 결국 기존의 삼각 격자를 따라 독립된 삼각형으

로 마련되었다. 집의 평면이 삼각형이니 중요한 사인처럼 삼각
형이 자리 잡는 것도 나쁠 리 없었다.

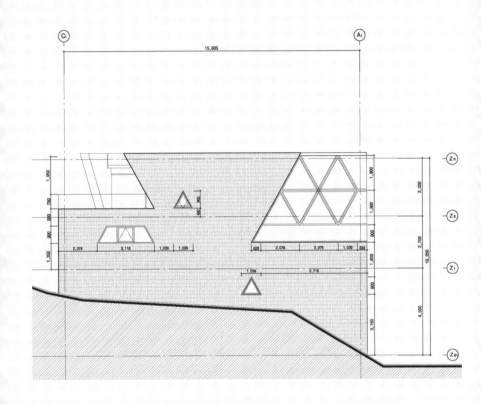

서측 입면도

건물 입면의 삼각형 창이 환기를 위한 것이다.

노래방의 넥타이

나는 건물에 이런저런 것들이 덧붙지 않기를 바랐다. 특히 전면 도로 쪽은 아무것도 튀어나오지 않은 밋밋한 면을 유지하고자 했다. 그런데 당연히 입구는 도로 쪽 면에 있어야 하고 입구를 만들려면 위에 뭔가 붙어야 했다. 캐노피였다.

외부 출입구가 갖는 조건의 하나는 문을 열었을 때 비를 막아 주어야 한다는 것이다. 그래서 대개 위에 캐노피를 매단다. 그래야 비가 올 때 우산을 펴는 동안 젖지 않는다. 또 캐노피가 없으면 문의 철물에 비가 들이쳐서 녹이 슨다. 열쇠 구멍이 막히기도 한다.

캐노피를 다는 대신 입구를 안으로 움푹 파내기로 했다. 이 파낸 곳을 통해 주차장과 현관을 동시에 연결하기로 한 것이다. 흰 벽을 파냈으니 내가 좋아하는 강력한 그림자가 옆 벽에 생길 것이다. 그러나 현실의 사소한 문제들이 계속 시비를 걸었다.

"이리 오너라"를 기계로 번역하면 초인종이다. 소리로 번역하면 "딩동"이었다. 요즘은 버튼을 누르면 밖에 선 사람의 얼굴을 보여주는 복잡한 기계로 바뀌었다. 아무리 정보 통신의 시대여도 여전히 우편물은 집으로 배달된다. 우편함이 필요하다. 움푹 판 벽에는 남는 공간이 없었다. 이런 것들을 벽 전면에 붙이고 싶지 않았다.

대안은 분리였다. 인터폰과 우편함을 모두 묶어 담은 기둥을 현관 앞에 세우기로 했다. 물론 이 기둥의 평면도 삼각형이어야 했다. 우리는 삼각형 편집증을 가진 집단으로 변해가고 있었다.

비를 피할 수 없으면 집이 아니다. 지붕에 떨어지는 빗물을 모아 지면으로 흘려보내야 한다. 아무렇게나 보내는 것이 아니고 지정된 장소로 모아 보내야 한다. 그래서 홈통이라는 것이 필요하다. 간혹 날아온 낙엽이 홈통을 막기도 하므로 관리를 위해 이걸 꼭 외부로 노출해야 한다는 주장도 있다.

나도 홈통이 필요하다는 것은 인정한다. 그러나 이것이 건물 벽에 보란 듯이 나서는 상황을 혐오한다. 그건 연미복을 정갈하게 차려입은 후 이마에 넥타이를 두른 것과 다를 바 없다. 내게 그것은 설계자의 무심함과 시공자의 폭력의 증표다. 이곳이 연주회장인지 노래방인지는 명확히 해야 한다.

이 건물에서도 빗물을 흘리는 홈통은 꽁꽁 숨겨져 있다. 우리는 깨끗한 벽면을 얻게 되었다. 여전히 의도하지 않았지만 그것은 건축주가 처음에 생각했던 이미지에 좀 더 가까워졌다. '화이트의 모던한 입체.'

이제 우리는 도면 점검을, 아니 악보 검토를 마쳤다. 남은 것은 악보에 근거한 연주다. 이때 등장하는 것이 시공사다. 우리의 연주자다. 연주회장에서는 오보에 주자가 낭랑하게 A 음을 먼저 내면서 전체 소리를 조율한다. 콘서트는 그렇게 시작한다. 우리의 공사는 요란한 굉음으로 시작했다.

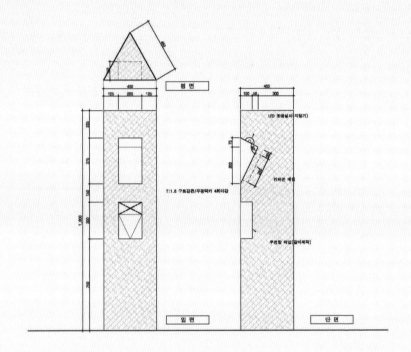

평 면

단 면

일 면

우편함, 인터폰 매립 구조물 상세도

인터폰이 설치된 삼각기둥.

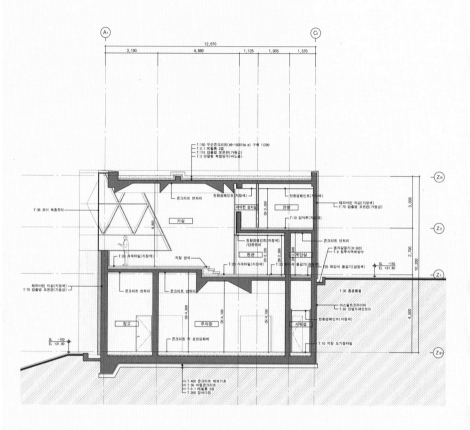

주 단면도

연주와 시공

블로그

인터넷이 '노가다'의 세계에도 영향을 미쳤다. 8월 1일, 블로그가 개설되었다. 제주도의 현장 상황이 매일 모니터에 중계되기 시작했다. 현장이 사진으로 확인되니 멀리서 걱정할 일도, 굳이 가서 확인할 일도 줄었다.

블로그에 현장 소장이 생각하는 일정이 공종工種별로 제시되었다. 현장에는 다양한 작업자들이 투입된다. 이들이 굳이 현장 소장에게 언제 자신들이 와서 작업을 해야 하는지 물을 필요도 없다. 예측 가능성은 항상 중요하다. 우리도 언제쯤 현장을 방문해야 할지 감을 잡을 수 있다.

작업팀은 두 부류였다. 현장 소장과 오랜동안 작업을 한 직영팀과 공종에 따라 현지에서 고용하는 외주팀이다. 외주 업체를 고용하는 걸 보통 하도급이라고 한다. 이들은 상상할 수 있는 모든 방식으로 고용된다. 재료를 지급하면 노동력만 제공하는 경우, 재료를 사 와 자신들이 일당을 계산하여 시공하는 경우, 제시된 공종을 모두 책임지고 총액에 맞춰 시공하는 경우. 천차만별이다.

일당 작업일 경우 당연히 이들은 건물에 대한 전반적인 이해도가 낮고 집착도 없다. 일당이 목적이므로 문제의 소지도 많다. 제주도의 현지 공사장 인부들은 특별히 악명이 높았다. 제주도의 악착같은 여자와 한가한 남자 이야기가 전설처럼 따라다니고 인용되었다.

공사는 시작부터 만만치 않았다. 주택 시공은 워낙 잦은 일이어서 기초의 형식도 일반화되어 있다. 그래서 굳이 지질조사를 하지도 않는다. 지하층을 30미터 가까이 파는 건물이면 지하 암반 형상에 따라 지하층 설계를 바꿔야 한다. 발파량에 직결되는 문제고 공사비에 관한 사안이기 때문이다. 그러나 우리는 주택을 만들고 있다. 경사면을 일부 들어내면 된다.

눈으로 보기에 이 땅은 현무암 위의 성토층이었다. 바위가 일부 경사면에 노출되어 있다. 상부를 덮은 흙만 걷어내면 무리 없이 공사를 할 수 있을 것으로 추측했다. 그런데 이것이 문제였다.

첨단 조선 시대

항상 접해온 무른 현무암 정도로 예상했던 암반은 엄청나게 강도
가 높았다. 용암이 급속 냉각되어 다각형 기둥 모양으로 굳은 것
이 주상절리다. 이것이 교과서의 설명이다. 분출한 용암이 바닷물
을 만나면 현무암의 강도가 그렇게 높아진다는 것이다. 제주도 해
안이 다 유사한 상황이었다. 나중에 알고 보니 집을 지을 서귀포
시 대포동 해안의 주상절리는 관광 명소였다. 시공 현장에서는 극
복 대상이었다.

주차장을 앉히려면 암반을 모두 파내야 했다. 여기에는 묘수
가 없다. 물리적으로 바위를 깨서 실어 날라야 한다. 그런데 깨는
방법이 문제였다. 무지막지하게 두드려서 깨는 것이 가장 싼 방
법이다. 영어로는 '브레이커'겠으나 현장에서는 '뿌레카'라고 부
르는 장비가 등장한다. 엄청나고도 짜증스런 소음을 반복해 낸
다. 도시에서는 선택할 수 없는 방법이다.

그런데 이 외진 어촌에서도 이 방법을 사용할 수 없었다. 썰렁
하다고 생각했는데 평화로운 마을이었다. 이곳에 타격음이 울리
면서 일제히 민원이 들어왔다. 삼겹살 식당에서는 손님이 끊긴
다고, 말 목장에서는 말이 놀란다고, 과수원에서는 먼지가 날린
다고 민원을 넣었다.

멀리 떨어진 어느 과수원에서는 공사가 시작되자 수도가 나오
지 않는다고 책임을 지라고 했다. 자신들이 쓰는 상수관이 남의

1 한창 발파작업 중인 현장.
2 1/100로 그려진 도면집과 현장에 그려진 1 : 1 크기의
   도면.
3 첨단 디지털 계측 장비와 조선 시대의 기법이 공존하는
   현장.

땅을 관통해온 게 더 문제일 것이다. 어찌 되었건 수도관을 새로 깔아주어야 했다. 이런 일이 쌓이자 현장 소장은 나중에 이걸 "제주도 마인드"라며 불평했다.

무진동 발파로 방법이 바뀌었다. 돌을 깨는 게 아니고 드릴로 깎아내는 것이다. 타격음을 내는 것은 아니어도 마찰음이 나는 것은 마찬가지다. 전보다 덜해도 여전히 주변에서는 불만이 있었다. 시간이 흘러야 했다. 그런데 시간은 암반에 박혀 잘 빠져나오지 않았다. 공사 시작한 뒤 주말도 없이 일한 지 14일이 되어서야 발파작업이 끝났다. 이제야 건물 앉힐 자리가 드러난 것이다. 주택 기초 공사치고는 지나치게 오래 걸렸다.

노출된 자연 지반 위에 콘크리트를 붓는다. 이걸 버림콘크리트라고 한다. 버림콘크리트가 어느 정도 굳고 나면 그 위에 철근을 깐다. 기초 배근을 하고 제대로 기초를 만들어서 평평한 상부면을 확보한다. 콘크리트로 수평면을 확보하면 이 위에 평면을 옮겨 그린다. 콘크리트의 수평 슬래브가 생길 때마다 층별로 다시 그린다. 종이 위에 100분의 1 정도의 축적으로 그려놓은 평면을 콘크리트 판 위 실제 위치에 1대 1 크기로 옮겨 그린다. 건축가가 자신이 그린 평면도를 실제 크기로 처음 접하는 순간이다.

대지 경계선과 관계가 있어 법적 문제가 생길 수도 있는 사안이라 최고의 정밀도를 유지해가면서 그려야 한다. GPS와 레이저까지 이용해서 정교하게 수평과 수직을 맞춰나간다. 그러나 막상 콘크리트 위에 선을 긋는 것은 조선 시대 목수들이 하던 방법을 이용한다. 먹줄을 튕겨 선을 긋는 것이다. 먹을 놓는다고 표현한다.

콘크리트의 국적

현장에서 정화조 위치를 변경해야 한다는 의견이 왔다. 이건 땅에 묻어야 하는 대상인지라 토목공사와 함께 작업이 진행된다. 도면에 지정된 정화조 위치가 도로의 오수관로에서 너무 멀고 배관이 주차장 진입로 아래를 지나고 있다고 했다. 차가 오가다 배관이 손상될 수 있다. 상상만으로도 재앙이었다. 이건 현장의 판단이 중요하다.

인체로 치자면 항문의 위치가 바뀌었을 때 이게 단지 겉모습의 문제로 끝나지 않는다. 내장 기관이 모조리 재정렬되어야 한다. 여기서도 연관된 배관들이 모두 헤쳐 모였다. 땅속으로 가야 할 파이프들이 갑자기 건물 중간을 횡단하는 일이 벌어졌다. 다음 작업은 이 배관들을 최대한 잘 정리하고, 그게 안 되면 덮어서 안 보이게 하는 일이다.

이제 벽체 철근을 배근하고 거푸집을 붙이기 시작한다. 콘크리트 부어 넣을 형틀을 짜는 것이다. 이제 지하 주차장의 벽을 마주하는 순간이다. 그런데 여기서 현장 소장이 생각하지 않았던 일을 시작했다. 나중에 알고 보니 의사 전달에 문제가 있었다. 콘크리트의 노출면과 관련된 일이었다.

노출콘크리트라는 단어를 쓰면 대개 마감면이 대리석처럼 반지르르한 일본 건물을 머릿속에 떠올린다. 한국에서도 이런 깔끔한 콘크리트면에 동그란 콘 구멍이 보이는 것이 노출콘크리트의 기준으로 자리 잡기 시작했다. 그러나 나는 이것이야말로 일본의 영향이 아닌지 의심하고 있다.

일본 문화는 그렇게 깔끔한 문화다. 말하자면 '기스' 하나도 허용하지 않으려는 문화다. 기스는 겁나는 단어다. 기스에 해당할 만한 우리말은 '흠집' 정도다. 그러나 흠집은 표면에 움푹 파인 상처다. 기스는 반들반들한 표면에 살짝 긁혀 보일 듯 말 듯 한 상처다. 그런 기스로도 불량 판정을 받는 사회가 일본이다.

우리에게 기스에 정확히 해당하는 단어가 없는 것은 그런 작은 상처가 우리 눈에는 보이지 않았기 때문이다. 내가 생각하는 우리 문화는 그런 기스에 집착하지 않는 텁텁한 것이다. 그래서 콘크리트도 그렇게 깔끔하게 치지 않고 오히려 거칠거칠한 맛을 그냥 유지하는 게 더 어울린다고 생각한다. 그런 것이 한국 문화에 맞는 노출콘크리트가 아닐까 하고. 우리의 주차장도 그런 텁텁함을 생각했다. 물론 거푸집의 줄눈만 맞춰준다면.

그런데 현장 소장이 현장에 실어 온 합판은 최고 수준의 코팅 합판이었다. 우리가 그런 말끔한 콘크리트를 기대하지 않는다는 이야기가 전달되지 않았던 것이다. 상황에 맞게 작전을 바꿔야 했다. 현장의 초기 공사비 과다 지출은 절대 좋은 소식이 아니다. 이미 지체된 지하층 공사도 바로 예산으로 직결된다. 돈에는 장사가 없는지라 나중에 공사비에 쫓기면 마감 공사의 질이 낮아지고 당연히 건물의 수준이 확연히 떨어진다.

일반 합판의 손실을 최소화하도록 거푸집이 재정렬되어야 했다. 주차장 벽면의 합판 줄눈을 죄 다시 그려서 현장에 보냈다.

도면이 없으면 작업은 적당히 이루어진다. 게다가 도면의 선 하나가 바로 현장에서 금액으로 연결되니 허투루 할 것이 하나도 없다.

현장 소장은 계속 블로그에 사진을 올렸다. 벽체의 거푸집과 거푸집 사이에 1센티미터 정도 간격이 생겼다. 이건 합판 뒤 벽체와의 연결 때문에 생기는 틈이었다. 합판에 동그란 콘 자국을 없애려니 어쩔 수 없었다. 현장 소장은 이 부분을 깔끔히 메우려 생각하고 있었다.

그러나 사진으로 보니 메우지 않고 그냥 두어도 크게 나쁠 것 같지 않았다. 거푸집 사이로 콘크리트가 삐져나오면서 신경 써서 나눠놓은 줄눈을 강조하는 효과가 있을 것 같았다. 메우지 말고 그냥 두기로 했다.

1 '건원재'의 텁텁한 콘크리트 벽체. 가장 경제적인
  방식으로 타설했지만 줄눈은 모조리 맞췄다.
2 지하 주차장의 코팅합판 거푸집.

거푸집 도공

공사장에는 현장 사무소가 필요하다. 그 크기는 공사 규모와 거의 비례한다고 보면 된다. 현장 소장이 거기서 작업 일지도 쓰고 사용할 공구와 재료도 쟁여놓는다. 종이컵에 노란 믹스 커피를 타서 봉지로 휘휘 저으며 작업팀과 회의하는 곳이기도 하다. 공사 중에만 사용하는 구조물이어서 대개 컨테이너 박스가 이용된다.

그런데 이 공사장은 대지가 좁고 가팔라서 컨테이너 박스 들여놓을 공간이 나오지 않았다. 결국 현장 소장이 몰고 다니는 SUV가 현장 사무소가 되었다. 도면을 펴놓고 이야기라도 할라치면 결국 중문의 커피숍까지 나가야 했다. 조건이 영 좋지 않았다. 작업팀은 시작부터 연신 야근을 했다. 신기한 현장이었다. 작업은 분명 쉼 없이 진행되는데 진도가 느렸다. 지하층 벽체가 워낙 높아서 그렇다고 했다.

공사 개시 후 한 달이 지나서야 지하층 상부의 슬래브 작업에 들어갈 수 있었다. 거실의 바닥 슬래브다. 이 부분은 옥상 슬래브와 형식이 거의 같아서 예행연습으로 생각할 수 있었다. 밋밋한 슬래브가 아니었다. 삼각형 단면의 보가 삼각형으로 엮이고 거기 조명 기구가 들어가야 했다. 슬래브 바닥면에는 삼각형 줄눈도 들어가야 했으니 거푸집

급조된 현장 사무소.

지하층 상부의 콘크리트를 치려고
만든 거푸집.

을 짜는 목수의 노련함이 필수적이었다.

슬래브의 거푸집도 다 마무리되고 현장 소장이 블로그에 글을
남겼다.

"아마도 도자기 만드는 도공의 느낌이 이렇지 않을까?"

레미콘의 사회학

제주도의 건축 수요 증가로 서귀포 시청만 바쁜 것이 아니었다. 현장에서 쓸 철근은 부족하고 콘크리트 생산도 제한적이다. 국산 철근을 확보하고 레미콘 차량의 정시 도착을 담보하기 위해 현장 소장에게 필요한 것은 단지 공사 현장에 관한 지식만이 아니었다. 다양한 작전 수행 능력이 절실했다. 이 작은 집의 공사 현장에서 학연, 지연부터 현금 즉시 지불 능력까지 우리 사회를 움직이는 힘이 여지없이 필요하고 동원되었다.

지하층 콘크리트를 붓는 날 사건이 터졌다. 콘크리트는 시간이 아주 중요하다. 콘크리트는 액체가 굳어 형성되는 것이니 원하는 높이까지 하루에 부어야 한다. 그래서 레미콘 차량들이 연이어 콘크리트를 붓는다. 그런데 작업 중간에 갑자기 레미콘 차량이 끊겼다. 현장 소장이 바로 레미콘 공장으로 달려갔다. 공장 설비가 고장 난 것이었다. 설비가 재가동될 때까지 현장 소장은 공장에서 발을 동동 굴렀다. 수리가 끝나자마자 제일 먼저 우리 현장으로 트럭을 보내려면 공장에 붙어서 기다려야 했다. 세 시간 정도 지나서야 레미콘 트럭이 현장에 왔고 그 시간은 콘크리트 벽에 흔적을 살짝 남겼다. 아는 사람만 찾을 수 있을 정도의 흔적이다.

콘크리트가 굳으면 거푸집을 철거한다. 벽체는 스스로 서 있어서 거푸집을 곧 철거하지만 슬래브는 훨씬 더 오래 받쳐놓아야 한다. 콘크리트는 거푸집을 철거할 때 완성도를 제대로 확인할 수 있다. 성격 급한 설계 실장은 지하층 벽체 거푸집을 철거하는 날 바로 현장으로 갔다. 콘크리트 벽은 사진으로 보아도 공들인 티가 났다.

나도 그랬지만 실장은 바닥 슬래브의 상태가 궁금했던 모양이다. 그래서 슬래브 거푸집의 합판 한두 장만 먼저 떼어서 보자고 작업반장에게 이야기했다고 한다. 그러나 작업반장은 단호히 거부했다. 안전상의 문제가 아니었다. 공연히 슬래브 거푸집을 떼내다가 벽체가 긁힐 수 있다는 이유였다. 실장은 그때 작업팀이 이 공사에 애착을 갖고 있는 것으로 이해했다고 한다.

전신주의 운명

위층의 거푸집 작업에 들어갔다. 그런데 수시로 복병이 등장했다. 하늘은 말려두었던 여름의 수분을 모았다가 가을에 털어내기로 작심한 모양이었다. 그것도 한 번에 털어내는 것이 아니고 생각날 때마다 조금씩.

비가 올 때마다 공사가 지연되었다. 구조체가 완성되어 옥상 슬래브가 덮이고 나면 비가 오건 말건 공사를 할 수 있다. 그러나 아직 1층 벽체도 마무리하지 못한 상황인데 하늘은 심심할 만하면 비를 뿌렸다. 비 소식이 있을 때마다 그 전날에 작업을 마무리하느라고 현장에서 야간작업 소식이 들려왔다.

그런데 아직도 해결되지 않은 문제가 하나 있었다. 대지 앞을 지나는 전신주 문제였다. 설계하다 보면 지적地籍 문제가 명료히 정리되지 않은 땅을 아직도 많이 만난다. 구청 자료에 있는 구획선이 실제 대지와 안 맞는 경우가 허다하다. 이전에는 한전의 전신주가 사유지 안에 들어와 있어서 옮기라고 한 적도 있었다.

공사를 하려면 외부에 가설 구조물을 빼곡히 세워야 하는데 이 땅에서는 전깃줄이 대지에 너무 가까웠다. 법적으로는 전깃줄이 가설 구조물과 2미터 떨어져야 한다.

이건 건축 시공 문제가 아니었다. 한전이 나서야 할 일이다. 현장 소장이 전깃줄을 이설하러 온 직원에게 들은 이야기를 전해줬다. 앞길의 전신주들을 모두 없애는 지중화 계획이 있다는 것이다. 예상이 맞기는 했다. 앞으로도 3년에서 5년 사이라고 했다. 지중화 계획이 있다니 다행이었다. 건물은 올해 말에 준공하겠지만 결국 실제 완성은 3년에서 5년 뒤가 되겠구나.

추석이 지났다. 공사장도 잠시 쉬었다. 그러나 비는 여전히 흩뿌리고 있었다.

부재 상황

추석 후에도 거푸집을 떼고 붙이고 철근 배근하고 콘크리트 붓는 작업이 계속되었다. 현장을 방문한 자리에서 현장 소장이 조심스레 이야기를 꺼냈다. 오랜만에 집 짓는 재미를 느꼈고 그런 작업을 하게 해주어 감사하다는 것이었다. 그래서 더욱 조심스럽지만 제안을 하나 해도 되겠느냐고.

건물 2층은 안방이다. 그 위치에서 보니 바다 쪽 경치가 꽤 좋을 것 같은데 지금 도면에서 안방은 창이 산 쪽으로만 나 있다. 그래서 안방에서 거실을 면하는 벽 대신 커다란 유리창을 내면 어떨까 생각해봤다고.

이 대지에서는 산을 향한 풍광이 꽤 좋았다. 멀리 한라산이 있지만 보이지는 않았고 훨씬 가까이에 녹색 능선이 잘 펼쳐져 있었다. 그래서 그 풍경에 집중한다고 안방 전면창을 산 쪽으로 만들었다. 그런데 현장 소장의 이야기처럼 창을 내면 안방에서 거실을 내려다볼 수 있으니 패턴이 인쇄된 유리 너머로 바다가 느껴져도 좋을 것 같았다. 그러면 거실이 안방에서 더 중요하게 느껴질 것 같았다.

결국 안방에서 산과 바다를 모두 취하기로 했다. 산의 중요도는 그만큼 낮아지겠지만 별로 중요한 변수는 아니었다. 그러나 그러자는 말 한마디로 공사가 진행되지는 않는다. 거기 맞춰 도면을 다시 그려야 했다.

일반 합판과 코팅합판으로 거푸집이
혼재된 옥상 슬래브.

옥상 슬래브의 바닥 합판 작업이 시작되었다. 여기서도 삼각형 보가 삼각형을 이루게 되어 작업은 쉽지 않았다. 형틀 목수는 지금까지 자신이 켜온 합판 양의 신기록이라고 했다. 그런데 블로그의 현장 사진에 뭔가 석연치 않은 것이 있었다.

이 슬래브도 콘크리트가 그대로 거실 상부에 노출될 예정이었다. 다른 부분은 몰라도 이 부분은 최고 수준의 매끈한 면이 필요했다. 그런데 현장 사진을 확인하니 코팅합판과 일반 합판이 섞여 있었다. 그것도 재생합판으로. 콘크리트의 평활도를 확보하기 위해 일반 합판을 배경판으로 설치한 것으로 짐작했다. 그 위에 코팅합판을 다시 다 덮으리라 추측한 것이다. 주차장에도 최고의 합판을 사용했으므로.

그런데 다음에 올라온 사진은 달랐다. 그 합판 위에 바로 철근

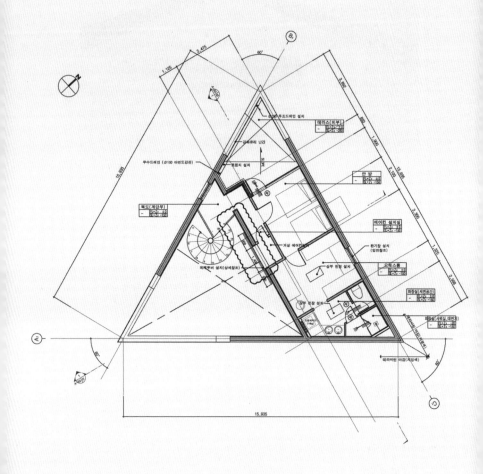

변경 전 도면

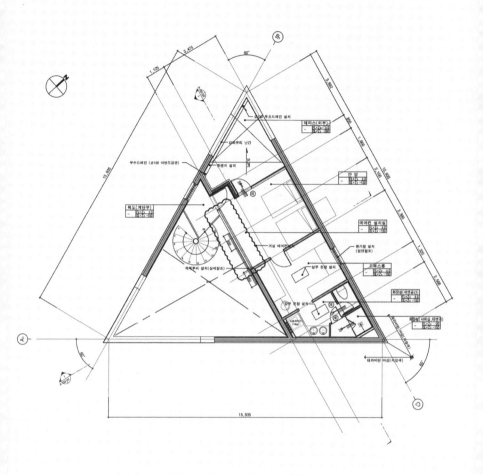

변경 후 도면

안방과 거실을 나누던 벽이 유리로 변했다.

이 빼곡하게 배근된 사진이 올라왔다. 철근을 해체하고 합판을 바꾸라고 요구할 수 있는 상황을 이미 지나버렸다. 현장 소장이 잠시 출장을 떠난 사이에 작업팀이 알아서 합판과 배근 작업을 해버린 것이었다. 건물 전체를 읽는 한 사람이 자리를 비웠을 때 벌어진 사건이었다.

사건을 수습해야 했다. 일단 작업은 진행하기로 했다. 거푸집을 떼낸 후 콘크리트 품질이 좋지 않으면 추후 보수 작업을 하는 걸로 가닥을 잡았다. 결국은 갈고 때우는 보수 작업을 하게 될 걸로 가늠했다.

강화와 타협

10월 7일, 거푸집이 최초로 옥상 높이까지 완성되었다. 아직 해결하지 못한 중요한 숙제가 있었다. 거실 수평창의 유리를 복층으로 할지, 단층으로 할지 결정해야 했다.

현장 소장은 공사 계약 직후 전국을 뒤져 이 크기의 유리판을 보관한 곳을 찾아냈다. 그리고 두말없이 그걸 사서 창고에 쟁여두고 결론을 기다리고 있었다. 여전히 단 하나의 문제는 모서리의 처리였다. 현관문을 열고 들어서면 좌우대칭 공간 한복판에 보이는 그 수직선.

나는 여전히 깔끔한 수평선 그림에 집착하고 있었다. 그러나 결로에 대한 걱정을 지우기는 어려웠다. 현장에서는 복층유리로 했으면 한다는 입장을 전달했다. 모두 안전하게 가기를 기대하는 눈치가 역력했다. 기본 모형을 만드는 순간부터 집착해왔던 부분을 결국 타협하여 복층유리로 결정했다. 그래서 생기는 검은 선은 현장에서 유리를 붙여본 후 해결하기로 했다.

그러나 그것으로 끝나는 문제가 아니었다. 이 유리를 강화 처리할 것인지도 결정해야 했다. 이건 단열과는 좀 다른 문제였다.

제주도의 아름다운 건축 7선에 제주월드컵경기장이 있다. 텐트 구조로 지붕을 풀어낸 멋진 건물이다. 그런데 이 건물이 뉴스에 등장하게 된 슬픈 사연이 있다. 서귀포를 덮치는 강풍에 지붕의 천막이 찢어졌던 것이다. 초속 50미터의 강풍은 사실 일반적인 구조 규준을 좀 넘는다. 그런데 실제로 그런 바람이 부는 곳이 서귀포다.

길이 8미터에 이르는 유리가 이런 바람에 온전할까. 나는 크게 걱정하지 않았다. 유리가 길어도 폭은 얼마 되지 않아 바람이 불면 그 하중은 당연히 단변 방향으로 전달될 것이다. 중요한 것은 단변의 길이였고 나는 이런 역학적 거동에 대해 나름 자신을 갖고 있었다.

내가 강화를 주저했던 것은 강화 과정에서 유리면의 평활도가 왜곡되기 때문이다. 이 건물은 거리에서 사면으로 보이는데 그러면 유리에 맺히는 반사 이미지가 중요하다. 그런데 그 이미지가 평활도 왜곡으로 훼손되는 것이 아주 싫었다. 비싼 차와 싸구려 차가 달라 보이는 이유는 강판 때문이다. 반짝거리는 차체에 반사되는 이미지와 그 왜곡의 정도가 곧 품위의 차이라는 것이 평소 내 생각이었다.

그러나 현장의 입장은 역시 달랐다. 만에 하나 어떤 이유에서건 유리가 파손되면 누가 책임을 지겠느냐는 것이다. 물론 시공자가 앞에 나서겠지만 결국 마지막까지 강화 불가를 고수한 사람이 누구였냐고도 물을 것이다. 사실 유리는 외부의 압력이 아니더라도 깨질 소지가 여기저기 숨어 있는 재료다. 책임 소재를 떠나서 깨지면 대체가 불가능한 크기의 유리다. 준공 후 한참 뒤에라도 이게 깨졌을 때 건축주에게 전국의 유리 창고를 다 뒤지라고 할 수도 없다. 결국 복층강화유리로 결정했다.

유리는 가마를 통과시켜서 강화한다. 우선 제작한 판유리를 다시 고온으로 가열한다. 그리고 유리 양면을 급속 냉각하면 유리 표면이 내부보다 훨씬 빨리 냉각된다. 당연히 표면이 빨리 수축하려고 한다. 현무암 주상절리와 조건이 같다. 아직 고온인 유리 내부는 이 수축에 저항하게 되는데 이때 표면의 분자 배열이 훨씬 팽팽해지고 강도가 높아지게 된다. 그런데 가열된 유리가 흐물흐물해진 상태로 냉각 롤러 위를 지나면서 표면 평활도가 나

강화 때문에 수평창에 갑자기 생긴 삼각형.

빠지게 된다. 그래서 나는 강화를 주저했던 것이다.

강화를 결정하고 나니 이번에는 유리를 가열하는 가마의 크기가 문제였다. 아니나 다를까 다시 연락이 왔다. 이 길이의 유리를 강화할 수 있는 가공 공장이 없다는 것이었다. 결국 유리를 잘라 가공하고 다시 붙여야 했다. 어렵게 찾아낸 크기의 유리가 무용지물이 되는 상황이었다.

역시 받아들일 수밖에 없었다. 그렇다면 다음 작업은 유리를 어떤 모양으로 잘라 붙이느냐는 것이었다. 건물 외부에 드러나는 모양이므로 역시 삼각형을 벗어날 수 없었다. 입면을 다시 그렸다.

모기의 입장

건물 전면에 환기를 위해 넣은 작은 창이 있다. 바늘구멍으로 황소바람이 들어오는 법이니 이 정도 크기면 충분하리라 생각했다. 그런데 상상도 하지 못했던 문제가 생겼다. 열리는 삼각형 창을 만들어본 회사가 없었다.

네모난 창은 문제가 없는데 삼각형 창은 열 길이 없다니. 논리적으로 잘 이해되지 않았다. 장변에 힌지hinge를 달고 열면 되는 게 아닌가 했는데 전문가가 보기엔 그렇지 않은 모양이었다.

국내 최고 창호 회사의 기술팀에 전화를 했다. 가까이 지내던 전문가들이라 솔직하게 털어놓으라고 다그쳤다. 해본 적은 있는데 그게 간단하지 않다는 것이었다. 창틀에 힌지를 다는 것이 아니고 삼각형 창을 창틀에서 밖으로 통째로 내미는 방법을 썼다고 했다. 가능했다. 그런데 공정도 복잡하고 제작 기간도 오래 소요되었다. 그런 만큼 비쌌다. 불가능했다.

현장 소장이 제시한 대안은 창틀만 납품받는 것이었다. 이걸 여는 철물은 별도로 제작해서 붙이는 수준으로 타협하자는 것이었다. 그렇다면 공사 일정과 예산을 다 맞출 수 있을 것이라고 했다. 환기가 될 정도로만 열리면 되니 반대하지 않았다.

문제는 여전히 책임 소재였다. 혹시 이 창문으로 물이 들어와 책임 시비가 붙었을 때 아무도 책임지지 않을 수도 있었다. 말하자면 고칠 주체가 없는 것이다. 결국 창호 회사의 제주 지점에 의뢰해서 열리는 창을 만들기는 했다. 그런데 이게 열린 건지 닫힌 건지 판단이 어려울 정도로만 열렸다. 여름에 모기가 들어오려 해도 한 줄로 서야 할 정도로만 열렸다. 일단 대안은 없었고 그대로 시공이 진행되었다. 10월 29일, 건축주에게 첫 이메일을 받은 지 1년하고 이틀이 더 지난 날이기도 했다.

개폐가 되어야 하는 것에 주차장 문도 있었다. 원래 설계에서 지정한 것은 집 바깥 방향으로 반으로 접혀 나오는 제품이었다. 이건 좀 비싸더라도 수입 제작하자고 했다. 집 얼굴의 한 부분이었기 때문이다. 그런데 역시 '비싸더라도'를 극복하지 못하고 가장 싼 방식으로 바뀔 상황이었다. 건물 뼈대가 완성되면서 작업팀의 입이 튀어나오기 시작했다.

일반적이기도 하고 가격 경쟁력도 있어서 우리가 대안으로 선택한 것은 문이 주차장 상부로 말려 올라가는 것이었다. 그런데 문을 열면 도공들이 공들여 만든 주차장 상부가 다 가려진다. 게다가 모양새도 싸 보인다. 불만이 건축주에게 전달되었다. 건축주는 직접 주차장 문을 몇 개 둘러보았다. 너무 싸구려로 보인다는 데 동의했다. 추가 비용을 지불하더라도 우아한 문을 달기로 했다. 반으로 접히는 문이 돌아왔다.

칵테일 리조트

그러던 중 현장에서 뜬금없는 연락이 왔다. 건축주가 마당에 욕조를 놓고 싶어 하는 눈치라는 것이다. 현장 소장은 완곡하게 전달했지만 건축주가 현장 소장에게 어떻게 이야기했는지는 알 수 없었다. 어쨌든 의지는 있는 것이다. 의지의 강도가 문제였다.

욕실에도 욕조는 필요 없다던 건축주였다. 물론 멀리 바다가 보이니 마당에서 물에 몸도 담그고 선탠을 할 수도 있기는 했다. 야자수 우거진 열대 리조트의 풍광이 딱 그것이었다. 옆에는 레몬 조각 끼운 칵테일 잔이 놓여 있고.

그런데 대지의 첫인상이 보여주었듯이 이곳은 열대 리조트 풍광이 아니었다. 길 건너편의 대지도 만만치 않게 높았다. 거기서 이쪽 마당이 훤히 보였다. 그리고 마당에 욕조를 놓는 것은 건물이 준공된 후에 해도 될 일이다. 지금은 거기 쓸 예산이 없었다. 별로 좋은 생각으로 느껴지지 않았다.

과연 건축주에게서 직접 연락이 왔다. 마당에 욕조를 넣으면 어떨까 한다는 이야기였다. 그래서 앞집에서 훤히 보이는데 그럴 필요가 있겠느냐고, 그리고 전반적인 마당의 상태가 욕조를 넣기에 적당해 보이지 않는다고 답했다. 이후 현장 소장이 욕조 건이 어떻게 되었느냐고 건축주에게 물었던 모양이다. 그가 전한 이야기는 "교수님이 욕조 놓지 말라시네요, 호호"였다.

현장 소장은 건축가의 판단에 선뜻 따르는 건축주가 좀 놀라

골조가 거의 완성된 모습.

였다고 했다. 건축가의 판단을 이렇게까지 존중하는 건축주를 처음 만났다고 했다. 그러나 나는 항상 그런 건축주를 만났다. 내 판단을 믿지 않을 건축주라면 일을 시작하지도 않았을 것이므로.

비틀린 입체

뼈대가 마무리되어간다는 것은 부엌 가구를 정리할 시간이라는 뜻이다. 서울이라면 좀 더 여유 있게 움직여도 되지만 제주도에서는 무슨 일이 벌어질지 알 수 없었다. 원래 부엌은 주부의 의견을 충분히 듣고 반영하는 것이 옳다. 그런데 건축주는 간단한 조건만 이야기하고 알아서 해달라고 했다.

원칙이 유지되니 선택은 쉬웠다. 식탁은 아일랜드형, 색은 흰색, 액세서리는 가장 간단한 것, 수납공간은 충분하게. 조리 가열기도 항상 써온 것이 있으므로 그냥 지정하면 됐다. 그런데 조리 가열기 위에 놓는 배기 후드가 아쉬웠다. 만족스러운 선택을 할 만큼 제품이 다양하지 않았다. 그러던 중 발견한 것이 삼각형 면을 조합한 다각 입체 후드였다. 우리를 위해 만들어놓은 게 틀림없었다. 우리는 지금 삼각형에 미쳐 있는, 그리고 좀 더 미쳐가는 중이므로.

현장에서는 또 다른 일이 벌어지고 있었다. 도면으로는 간단했는데 시공이 아주 까다로웠던 것이 주차장에서 현관으로 오르는 계단이었다. 현장에서 이 계단 때문에 아주 골치 아파한다는 이야기가 들렸다. 처음에는 그게 도대체 왜 어렵다는 건지 몰랐는데 제대로 3차원으로 그려본 다음에야 현장의 고민이 이해되기 시작했다. 이건 평면에서 보는 것과 달리 입체적으로 비틀린 아주 복잡한 물체였던 것이다.

현장 소장은 시공 방법을 놓고 꼬박 사흘을 고민했다. 그리고 콘크리트를 한 번에 쳐서 해결하는 방법을 포기했다. 우선 경사 슬래브를 쳐서 기본 각도를 확보하고 그 위에 계단 단을 맞춰 넣기로 한 것이다. 철판을 도면 치수에 맞춰 모조리 용접해나가야 했다. 입체적 공작이었고 시간이 오래 걸렸다.

주차장에서 현관으로 가는, 입체적으로 비틀린 계단 공사 모습.

여전히 야간작업 사진이 블로그에 올라왔다. 작업팀이 힘들어하기보다 신기해하고 재미있어한다는 소식이었다. 공감대가 형성된 것이었다. 이 건물을 예술 작품으로 생각하기 시작한 모양이라고도 했다. 시공하다 뭔가 안 맞으면 현장 소장이 뭐라고 안 해도 알아서 뜯고 재시공을 한다고 했다. 다들 미쳐가고 있는 모양이었다.

완전 용입

11월이 되면서 자질구레한 일들이 여기저기 많아지기 시작했다. 그러나 아직 큼지막한 것이 하나 남아 있었다. 바로 거실 트러스였다. 이건 복잡하고 위험하고 까다로운 일이었다. 우리 엔지니어는 철 트러스를 만들고 유리를 끼우기 위한 알루미늄 창호도 특별히 주문생산하는 디테일을 제안했다. 신뢰도가 높은 방식이었다. 그러나 그걸 포기했다. 사실 주택에서 알루미늄 사출까지는 필요하지 않았다.

현장에서는 가장 간단한 트러스를 제안했다. 그리고 유리 역시 가장 간단한 방법으로 붙이자고 했다. 익숙하고 널리 알려진 디테일이었다. 고집부릴 사안도 아니었다. 그대로 동의했다. 그러나 도면이 바뀌면 구조 계산을 다시 해야 한다. 현장 소장은 이 구조 설계비를 그냥 자신이 부담하겠다고 했다. 원래 구조 설계비는 설계비이므로 건축 설계비에 포함된다. 모양새가 이상했다. 소문이 나면 건축가가 시공사의 등을 쳤다고 수군거릴 사안이기도 했다. 그럼에도 결국 트러스의 구조 설계는 시공사에서 비용을 대고 대안을 제시하여 진행했다.

텐트 안에 마련된 트러스 용접 공간.

나는 트러스는 공장에서 제작해서 트레일러로 실어 올 것으로 짐작했다. 현장 소장도 처음

엔 당연히 그럴 생각이었다. 그런데 여기는 제주도였다. 가격은 시공사가 감당하기 어렵고 품질은 공장에서 책임지기 어렵고 운송은 트레일러를 확보하기 어려웠다. 결국 현장에서 용접 조립해야 했다.

다행히 구조 엔지니어는 공장 제작과 현장 제작 가능성을 모두 염두에 두고 계산했다. 현장 용접은 신뢰도가 확연히 떨어진다. 구조 엔지니어는 '완전 용입 용접'을 요구했다. 부재들의 일부분을 붙이는 수준을 넘어 완전히 일체화하는 용접이다. 말하자면 부러진 뼈가 붙었을 때 더 단단해지는 것과 흡사한 효과를 내야 한다. 이건 배 용접에서 쓰는 방식이고 전문가가 필요했다. 여기는 제주도다. 이번에는 다행이었다. 주변에 고쳐야 할 배가 많았다. 무장한 전문가들이 부산에서 건너왔다.

트러스를 제작하는 현장은 옆에서 보기에 참으로 거창한 사업이었다. 아예 별도의 텐트를 치고 작업을 시작했다. 현장 사무소 낼 공간도 없다는 현장에서 트러스를 만든다고 텐트 칠 공간을 찾아낸 것도 신기하기는 했다. 텐트가 필요한 이유는 제작 기간 동안 비가 언제 올지 모르기 때문이라고 했다. 그런데 목격담에 의하면 무슨 시공팀 엠티인가 싶을 정도의 분위기였다는 것이다. 물론 저녁 늦게까지 작업은 이어졌다. 현장 소장의 표현으로는 늦게까지 "지지고 갈고, 지지고 갈고".

인간 크레인

트러스 설치 예정일 오후에 비 예보가 있었다. 그러나 이 일정
은 미룰 수가 없었다. 큰 트러스의 무게는 3톤에 육박했다. 일반
공사 현장에서 이 정도는 유난히 무거운 건 아니다. 그런데 주택
공사 현장이라면 흔한 일이 아니다. 그리고 이걸 들어 올리는 것
과 들어 올려 설치를 하는 것은 이야기가 좀 다르다.

대지 경사가 급해서 설계에 애를 먹였는데 시공 현장에서도
다르지 않았다. 트러스를 들어 올려 제 위치에 옮겨줄 크레인 자
리가 마땅치 않았다. 전면도로가 가장 만만하다. 그런데 필요한
크레인은 덩치가 커서 두 차선을 점유해야 한다. 전면도로가 꼭
그 정도 폭이다. 그런데 이게 제주도의 간선도로다. 우리가 공사
하겠다고 하루만 막자고 하면 시청은 코웃음 칠 것이다. 게다가
도로와 대지 사이에는 여전히 전깃줄이 흉흉히 지나가고 있다.
이걸 건드렸을 때 벌어질 일은 지역신문 보도감이다.

가장 가까운 공터는 건물에서 40미터 정도 떨어져 있었다. 대
안이 없었다. 거리가 멀면 필요한 크레인의 크기가 커져야 한다.

팔을 뻗을 대로 뻗은 크레인.

결국 인양 톤수 50톤의 크레인
이 왔다. 주택 건설 현장에 이 정
도의 크레인이 등장한 것은 전
국은 아니어도 동네의 역사책에
는 기록될 만한 일이었다.

그런데 이 크레인의 팔이 여전히 짧았다. 뻗은 팔의 길이가 안전치를 넘어서면 크레인의 경고 등이 울린다. 더 뻗으면 크레인이 전복된다. 전해 들은 바로는 경고 등이 계속 울렸다고 한다. 크레인 기사로서도 보통 모험이 아니다. 경고 등이 울려서 마지막 30센티미터 정도는 도저히 더 뻗을 수가 없었다. 결국 작업팀이 현장에 올라가서 손으로 트러스를 잡아당겼다. 말하자면 인간이 크레인의 한 부분이 되었다.

크레인이 트러스를 어디에 올려놓고 가는 것이 아니라 트러스를 매달고 있는 동안 콘크리트에 묻어놓았던 철 구조물에 용접을 해야 한다. 모두 사람이 손으로 하는 일이다.

트러스가 벽 두 면에 하나씩 도합 두 개이니 트러스를 설치하는 건 그 사이의 접합부도 용접한다는 뜻이다. 늦도록 용접이 진행되었다. 기어이 비도 왔다. 밤도 깊어졌다. 위치를 잡아 고정만 하고 작업은 일단 중단되었다.

다음 날에야 트러스 설치가 끝났다. 전체 작업 중 가장 위험한 고비를 넘었다.

트러스에 붙어서 거친 용접
부위를 갈아내며 녹막이칠을
하고 있는 작업팀.

야간작업이 이어지는 현장.

절박한 접선

건물 뼈대가 완성되었다. 트러스는 녹이 슬면 안 되는 부재다. 현장에서는 시공 오차 부분을 갈아내고 녹막이칠을 하는 작업이 계속되었다. 서울에서는 트러스에 끼울 유리에 붙일 패턴 작업이 진행되고 있었다. 이미 도상 작업을 통해 동그란 패턴을 기본으로 한다는 것은 결정되었다. 문제는 동그라미의 크기와 배열, 그리고 그것이 인쇄된 유리 두 장의 배치 방식이었다.

두 면에 인쇄된 동그라미의 크기가 달라도 패턴이 생겼다. 인쇄 방향을 바꿔도 패턴이 달라졌다. 어떤 때는 꽃이 되고 어떤 때는 기하학적 문양이 되었다. 우리는 예쁜 모양보다 환상적인 모양을 찾고 있었다. 눈은 믿기 어려울 정도로 민감한 기관이다. 우리는 유리 패턴으로 우리의 눈을 속이려 드는 중이다.

유리 한 장에는 앞뒤의 두 면이 있다. 유리 두 장이면 네 면이 된다. 복층유리의 어떤 면에 인쇄를 하느냐도 고려해야 할 변수였다. 유리의 두께만큼 패턴 간격이 달라지면서 분위기가 바뀐다. 그리고 유리면의 질감도 확연히 달라진다. 게다가 엉뚱하게 안전도의 문제도 있다.

유리 두 장을 접합해서 복층유리를 만든다. 보통 유리가 깨지기 전에는 그 접합이 떨어지지 않는다. 유리 안쪽 면에 프린

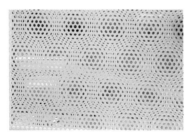

패턴이 인쇄된 샘플 유리. 유리는 빛에 민감한 재료여서 실물을 실제 조건에 맞춰서 확인하는 것이 중요하다.

트를 하면 프린트면에서 접합이 이루어지는 것이다. 그렇다면 유리와 프린트 재료 사이의 접합 강도가 신뢰할 정도일까.

가공 공장에서는 접합 강도를 자신했다. 나는 유리의 매끈한 면이 외부에 노출되기를 원했다. 결국 복층유리의 안쪽 두 면에 프린트가 되었다. 프린트의 간격이 조금 더 넓었으면 하는 아쉬움은 있었지만 받아들일 수 있는 정도였다.

그래도 이건 워낙 중요한 사안이어서 실물 모형을 만들어보고 판단해야 했다. 현장의 일정이 빠듯해서 서둘러 유리 패턴을 결정해달라는 압박이 들어왔다. 유리 가공 공장에서 샘플이 나오는 날은 다른 일정으로 정신이 없었다. 아무리 조절해도 그걸 차분히 들여다볼 시간이 나지 않았다. 심지어 내가 언제 어디에 가 있을지도 분명하지 않았다.

이리저리 시간을 맞춰서 서울역사박물관 앞길에서 샘플을 확인하기로 했다. 주차할 시간도 공간도 여의치 않아 10분의 여유도 짜내기 어려웠다. 간첩이 접선하는 절박함이 이런 상황이었을 것이다. 실어 온 샘플을 비춰 보니 붙여놓았을 때 환상적인 공간을 연출할지는 자신할 수 없었다. 그러나 눈앞의 유리판은 모호하기는 했다. 잠자리가 된 것 같기도 했다. 최소한 평범하지는 않았다.

옥상의 환상

현장에서는 배관, 방수, 정리 작업이 이어졌다. 12월이 되면서 거실 천장의 콘크리트면 보수 작업도 시작되었다. 그런데 이 콘크리트 슬래브가 완성되자 건축주에게서 새로운 요청이 들어왔다. 옥상에서 빨래도 말리고 선탠도 하고 싶다는 것이었다.

지붕이 평슬래브일 경우 용도를 고민하는 건 특별한 문제가 아니다. 물론 옥상 이용은 설계 단계에서 검토했던 사항이었다. 옥상을 이용하려면 난간을 설치해야 한다. 그런데 이 난간이 좀 복잡하다. 수평선과 수직선을 조합해야 한다. 아무리 그려보아도 화이트 모던과 잘 맞지 않았다. 유리로 할 수도 있지만 스터코로 마감된 면의 질감과 잘 맞지 않는다. 설계상의 결론은 왜 굳이 옥상에 올라가려고 하느냐는 것이었다. 옥상에서 해야 할 일은 마당에서도 할 수 있다고.

그런데 구조체가 완성되고 옥상에 올라가본 건축주가 경관에 매료되었던 모양이다. 나도 옥상에 올라가보니 진정한 수평선이 보였다. 설계할 때 예측한 모습과 달랐다. 훨씬 좋았다.

바로 스케치를 시작했다. 거실과는 전혀 다른 초현실의 공간을 만들 수 있을 것 같았다. 현장 소장도 최소한의 작업으로 멋진 옥상을 만들 수 있을 것이라는 데 동의했다. 시간이 많지 않았다. 옥상을 이용하려면 방수 방법을 다시 생각해야 했으므로.

내가 환상적인 공간을 꿈꾸는 사이 설계 실무팀은 현실적인

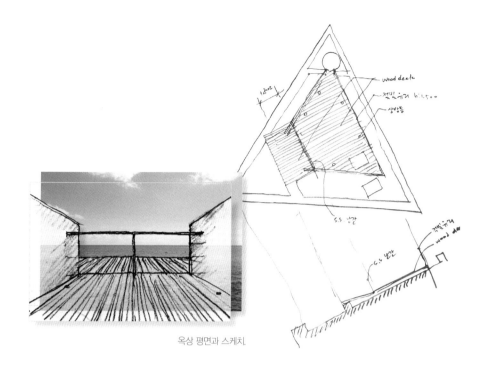

옥상 평면과 스케치.

문제를 짚고 있었다. 옥상의 하중 문제였다. 나는 옥상 슬래브가 트러스에 의해 지탱되고 있다고 믿었지만 구조 엔지니어는 옥상 슬래브가 트러스를 매달고 있는 것으로 구조를 해석했다. 구조 엔지니어의 공식적 의견은 돌 하나도 더 얹지 말라는 것이었다.

아무리 구조 문제에 자신 있다고 큰소리쳐도 나는 아마추어일 따름이다. 나도 전문가를 존중해야 한다. 우길 수 없었다. 옥상의 환상은 해프닝으로 끝났다.

마지막 모서리

12월 24일은 크리스마스이브다. 종교와 관계없이 분위기에 맞게 덩달아 들떠야 한다는 책임감마저 드는 날이다. 현장에 가공한 유리가 도착한 날이기도 했다. 포천에서 만들어 목포를 거쳐 배로 실어 나른 유리였다. 다음 날부터 유리 설치가 시작되었다. 크리스마스였다.

유리는 깨지면 그대로 끝나는 재료다. 갈아내고 덧붙여서 문제를 보완할 가능성이 전혀 없다. 게다가 유리는 투명해서 가벼워 보이기는 해도 실상 무지 무겁다. 다루기도 어렵고 설치할 때 전문 장비도 필요하다. 그래서 유리 설치는 각별히 신경 쓰고 조심해야 할 공종이다.

비교적 덜 중요한 유리 한 장이 깨지는 걸로 액땜이 끝나고 이틀간의 유리 설치가 마무리되었다. 이 건물에서 가장 중요한 부분, 거실 모서리가 실물로 드러나는 순간이었다.

문제가 터졌다. 수평창의 모서리가 벌어져 있었다. 예상보다 훨씬 간격이 넓었다. 유리 공장에 발주할 때 현장에서 실측한 치수에 착오가 있었던 것이다. 유리를 모두 떼내고 다시 붙일 수도 없었다.

현장의 작업팀들도 그게 문제인 걸 알고 있었다. 그날은 수고했다는 의미로 내가 시공 작업팀에게 저녁을 사는 날이었다. 모서리 때문에 마음이 무거웠다. 전 공종에서 종횡무진 활약하던 설비 작업반장이 제안했다. 모서리에 삼각형 프리즘을 달면 어떨까요. 작업팀이 이런 제안을 한다는 건 건물에 애착이 있다는 이야기다. 좋은 제안이었고 좋은 소식이었다.

서울과 제주도에서 각각 적당한 프리즘을 찾기 시작했다. 그러나 유리 프리즘은 없었다. 제작하려면 너무 비쌌다. 게다가 상상 외로 무거웠다. 아크릴 프리즘은 있으나 아크릴은 외부에 쓸 재료가 아니다. 자외선을 받으면 변색된다. 이야기는 원점으로 돌아왔다.

거울 같은 스테인리스스틸도 생각했다. 주변을 반사하면서 존재감을 없애는 방식이다. 현장 소장은 내가 그려준 대로 철판을 접어 왔다. 실제로 끼워보니 반사는 되는데 금속으로서의 존재감이 너무 뚜렷했다. 나는 이 부분이 무지막지한 캔틸레버 아래 비어 있음을 강조하고 싶었다. 그런데 여기 금속이 끼워지니 구조체로 읽혔고 이 부재가 윗부분을 받치고 있는 모양이었다. 접어 온 판을 폐기했다.

결국 유리를 겹쳐서 틈을 막는 수밖에 없었다. 가장 투명한 유리가 필요했다. 국내에서는 이미 저철분유리가 생산되고 있다. 루브르의 유리 피라미드에 사용하기 위해 건축 재료로 개발된 가장 투명한 유리였다. 그러나 여기는 제주도였다. 시간도 없었다. 일반 유리를 사용해야 했다. 두꺼워지면 녹색이 짙게 보이는 그 유리였다.

결국 두 장의 유리를 겹쳐서 틈을 메웠다. 투명하지 않았고 녹색의 수직선이 생겼다. 이것도 타협이었다. 그러나 마무리는 깔

끔하지 않았다. 그나마 건물 외부에서 이 유리가 비교적 덜 부각
되어 다행이었다. 수평선의 깔끔함은 훼손되었지만 캔틸레버의
드라마는 유지할 수 있던 것이 최소한의 위안이었다.

해가 바뀌었다. 작업은 막바지로 향했다. 이제 건물의 완성도
가 눈에 띄기 시작하는 단계다.

1 외부 가설 구조물을 철거하기 직전의 모습. 외벽의
  유리 공사가 모두 마무리되었다.
2 널찍하게 벌어진 유리 모서리. 이 주택에서 가장
  중요한 부분에 생겼던 문제다.
3 유리가 두 겹 끼워진 모서리.

좌절의 순간

1월 6일, 외부의 작업용 가설 구조물이 모두 철거되었다. 처음으로 온전한 건물 외관이 드러나는 순간이다. 가설 구조물이 철거된 건물은 항상 흥분의 대상이다. 모형과 꼭 같은 모습이 수십 배로 확대되어 눈앞에 서 있는 것이다.

이제 남은 일은 내부 작업이다. 마감 작업이 본격화되기 시작했다. 그중 하이라이트는 거실 내부의 원형계단이다. 이전에는 대단히 어려운 작업이었겠지만 컴퓨터 덕에 더 이상 어려운 작업이 아니다.

이 계단은 현장에서 제작하는 것보다 도면을 작성하는 데 시간이 훨씬 더 걸렸다. 요즘은 철판 가공이 종이 절단 정도로 쉬운 일이 되었다는 생각이 든다. 컴퓨터로 절묘한 곡선을 그려 파일로 보내면 철판 가공 공장에서 그대로 가공해 보내준다. 컴퓨터 작업의 최대 수혜처가 바로 이런 계단이다. 어떤 모양으로 그려도 철판을 오려주니 현장에서 그대로 용접만 하면 된다. 반복 작업이 많으면 이 역시 공장에 맡기면 되니 좋은 세상이다.

컴퓨터만큼이나 공사 현장을 신기하게 바꾼 것은 스마트폰이다. 요즘은 설계 사무소에서 이메일로 도면을 보내면 현장에서 A3 크기로 출력해서 살펴본다. 물론 손으로 그린 도면을 청사진으로 구워서 우편으로 보내던 시절도 있었다. 규격은 A0나 A1이었다. 그런데 지금은 도면이 급하게 필요하면 스마트폰으로 보

용접하여 조립 중인 원형계단.

낸다. 그러면 현장의 작업팀이 출력도 하지 않고 바로 스마트폰으로 화면을 키워가며 확인한다.

거실 원형계단의 용접 조립이 끝났다. 블로그에 만족한 표정들이 올라왔다. 준공이 가까워오면서 현장에 부쩍 자주 들르기 시작한 건축주도 아주 좋아했다. 현장 감독도 흐뭇해했다. 삼각형들 사이에서 이 모양이 잘 맞을까 고민했는데 더 걱정할 필요가 없었다.

그러나 역시 여기가 한국임을 잊지 않게 하는 사건이 발생했다. 도면을 그릴 때부터 작업팀에게 강조한 것이 줄눈이었다.

우리의 화장실은 벽과 바닥에 타일 까는 것을 기본으로 한다. 이것도 일본이 아니었으면 생각하기 어려운 재료다. 증거는 '다이루'라는 현장 발음에 새겨져 있다. 원천이 어찌 되었든 우리는 타일 깔린 화장실을 당연하게 받아들이고 있다. 그러나 줄눈 맞추는

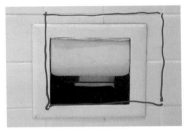
줄눈에 맞지 않는 휴지걸이 위치를 바꿔달라고 표시해 현장에 보낸 사진.

능력은 쏙 빼고 들여왔다. 이건 일본 문화라기보다 결과물의 완성도에 대한 책임 의식이다.

우리는 필사적으로 줄눈 맞춘 도면을 내보낸다. 그러나 지금까지 이 타일 나누기가 제대로 시행된 현장은 거의 없었다. 이번 현장도 기대를 저버리지 않았다. 처음 블로그에 올라온 사진을 보고 내 눈을 의심했다. 몇 번을 강조하고 다그친 사안이었다. 무위자연의 대범한 자세가 아니고 무책임한 시공이었다. 좌절스러웠다.

일상적으로 이용하게 될 1층과 2층의 타일은 모두 재시공되었다. 이건 타협할 수 없는 사안이었다. 그러나 지하층의 샤워실 타일은 그대로 남았다. 현장 소장도 거기까지 요구할 수는 없었다고 한탄했다. 그러나 더 큰 타일 분쟁이 아직 남아 있었다. 그것이 이 집의 마지막 작업이었다.

바닥 작업은 맨 마지막 일이다. 딛고 다녀야 하므로 미뤄놓는 것이다.

거실 바닥 재료로 지정된 것은 인조대리석이었다. 그런데 현장 소장이 고민을 밝혔다. 제주도에서 인조대리석이 이렇게 비쌀 줄 몰랐다는 것이었다.

가장 손쉬운 대안은 타일이었다. 여기 목재 마루를 깔 생각은 꿈에도 없었다. 이곳은 흰색 공간이어야 했다. 요즘은 중국에서 감탄할 만한 수준의 타일이 수입된다. 우리는 대단한 것을 기대하는 것도 아니고 흰색의 내구성이 있는 재료면 충분했다. 현장 소장이 보여준 타일 샘플은 훌륭했다. 문제는 직사각형으로 공급되는 타일을 삼각형으로 재가공해야 한다는 것이었다.

일단 재료 손실이 막심할 것이나 현장 소장은 재료 손실보다 더 큰 문제를 짐작하고 있었다. 삼각형 타일을 깔아본 타일공이 없으리라는 것이었다. 현장 소장의 대안은 철판을 까는 것이었다. 공장에서 정밀하게 재단해 와서 바닥에 깔면 어떻겠느냐고. 수축 팽창은 디테일로 해결하는 걸로 하고. 거실 바닥에 철판을 까는 건 좀 모험이기는 했다. 온돌바닥에 깔린 철판 사례가 있었다. 문제는 철판이 다 들고 일어나서 2년 만에 다른 재료로 바꿔 시공했다는 것이었다. 대안이 아니었다. 결국 타일로 결정했다.

재료가 인조대리석, 철판, 타일을 오가는 사이 거기 맞춰 도면을 끈질기게 다시 그려 현장에 전달했다. 나는 여전히 줄눈에 집착했다. 그것은 예산이 아니라 작업자의 성실함만 더 요구한다고 믿기 때문이다. 그 성실함은 곧 자신의 작업에 대한 애착과 자부심이다.

그러나 막상 시공할 타일공을 구할 수가 없었다. 세 팀이 와서 삼각형 도면을 보고는 다 철수했다. 제주도에서는 이 작업을 할 타일공이 없다는 의미였다. 새해의 1월도 어느새 하순을 향하고 있었다. 공사 일정에 따라 오락가락하던 건축주의 입주일이 1월 30일로 결정되었다. 더 물러설 수 없는 날이었다.

현장 소장의 직영 조직이 타일을 깔았다. 사각형과 삼각형은 태생이 다른 도형이다. 직사각형으로 판매되는 타일을 정삼각형으로 자르고 크기와 높이를 맞춰가며 까는 고난도 작업이었다. 수평을 잡는 것이 문제였다.

현장에서 또 소식이 왔다. 타일을 삼각형으로 자르다 보니 손실이 많았다. 문제는 타일 공급처인 대리점에도 더 이상 재고가 없다는 것이다. 육지에서 실어 와야 했다. 마침 신기하게 제주도에 눈이 오고 있었다. 그것도 아주 많이. 제주도에서는 30년 만의 대설이라고 했다. 공항이 폐쇄되었다. 수만 명이 공항에서 노숙을 했다. 모든 운송이 중지되었다. 타일도 오지 않았다.

지구는 무심히 돌았다. 어느새 눈도 멎었다. 사흘을 기다렸고, 결국 타일이 도착했다. 바닥 작업이 끝났다. 건물이 거의 준공되었다는 의미이기도 했다. 거실 바닥에 타일을 간 게 이사 예정일 사흘 전이었다. 이틀간 갈고 닦아 마무리해야 했다. 밤늦게까지 입주 청소가 이어졌다.

"교수님, 설계 조금만, 조금만 쉽게 부탁드립니다." 현장 소장의 이야기였다. 건축주도 한마디 얹었다. "이제는 삼각김밥도 싫어하실 것 같습니다."

건물과 저자

선물

1월 30일이 되었다. 약속한 날짜였다. 그날 오후 드디어 화이트의 모던한 이층집에 이삿짐 차가 도착했다.

건축주가 자신에게 해주고 싶었던 선물. 9개월의 설계와 6개월의 공사, 도합 15개월이 걸린 작업이었다. 이제 포장지를 풀어 내부를 들여다보자. 도면 속 집이 시공을 거치면서 어떤 모습이 되었는지 확인하게 될 것이다. 구석구석 살펴보면서 건축가가 어떤 이야기를 하고 싶었는지 들어볼 시간이다. 이런 것을 부르는 단어가 아마 있을 것이다. 저자 직강.

©박영채

화이트의 모던하고 입체적인 이층 주택.
간단한 모양이기는 하나 구조 계산이 대단히 어려운 건축물이다.
벽에 붙어 있는 것이 아무것도 없다.

1 이 삼각형 창이 환기용 창이다.
2 인터폰과 우편함이 여기에 붙어 있다.
3 전면에 캐노피를 설치하지 않기 위해 이 부분을 안으로 팠다.

©박영채

경사진 도로 위쪽에서 본 모습.

1 이 모서리의 개방이 디자인에서 가장 중요하고 어려운 화두였다.
2 거실뿐 아니라 이 부분의 캔틸레버도 치수가 만만치 않다.

도로 아래쪽에서 본 모습.

거실의 삼각형 트러스가 비대칭이다.

1 이 부분에 왜 유리 난간이 필요했는지는 침실 풍경을
   보아야 알 수 있다.

역광을 받으면 거실 모서리가 하중을 받지 않는다는 것이
가장 잘 드러난다.

밤이 되면 더욱 도드라지는 거실 부분 트러스.

1 이 벽이 왼쪽으로 기울어진 것은 트러스의 캔틸레버 길이를 줄이기 위해서다.
2 이 삼각형 창은 강화가 가능한 유리 치수의 한계 때문에 생겼다.

마당에서 본 건물과 그 너머의 바다.

건축주는 한때 이 마당에 야외 욕조를 넣어달라고 했다.

주차장 입구.

주차장 진입로의 콘크리트 바닥면도 모두 삼각형 패턴이다. 이
표면을 갈아내면 삼각형으로 심어놓은 철판 줄눈이 부각될 텐데
콘크리트를 갈아낼 시간이 없어 결국 아쉽게 마무리되었다.

주차장 내부.
여기서 보이는 세 개의 벽은 그 너머의 자질구레한 일상 공간을
숨기고 있다.

1 천장면에도 삼각형 줄눈이 반복된다.
2 슬래브와 보 사이의 검은 틈에는 조명 기구가 들어 있다.
3 이 보도 단면이 삼각형이다.
4 주차장은 별도의 환기창이 필요 없다. 이 창은 채광용이다.
5 제주도에서는 마구리용 콘크리트블록이 생산되지 않아 결국 테두리에 검은 철판을 돌렸다.
6 배수를 위한 트렌치는 콘크리트를 칠 때 위치를 잡아놔야 한다. 그 위에 올라설 콘크리트블록의
  시멘트 줄눈 두께가 없다는 점을 모두 고려하여 위치를 지정했다.

주차장 콘크리트블록 벽면 일부.

시멘트 줄눈이 없다. 제주도의 블록은 신기하게 아랫면에 이상한
흔적이 생기도록 제조되었다. 전반적으로 상태가 좋지 않았다.

1 콘크리트블록 크기에 맞춰 제작한 조명 기구다. 램프 하나로 벽 앞뒤를 비춘다.
2 이렇게 줄눈을 문 크기와 맞추기 위해 도면을 몇 번이나 고쳐 그려야 했다.
3 계단의 형태는 왼쪽으로 들어가야 한다고 이야기하고 있다.

주차장에서 현관으로 가는 계단.
오른쪽의 철문은 주차장을 거치지
않고 들어오는 정문이다.

©박영채

주차장의 무채색 계단에서 꺾으면 빨간 삼각형이 보인다.

왼쪽이 현관이다.

1 줄눈이 맞지 않는 것을 피하기 위해 계단 양옆을 파냈다.
2 콘크리트 벽면을 파서 난간을 묻었다. 동그란 난간 아래에는 조명이 다시 숨어 있다.
3 이 계단이 꺾인 방향은 왼쪽으로 올라온 사람에게 다시 왼쪽으로 들어가라고 일러주고 있다.

계단을 내려갈 땐 다른 삼각형이 바깥 하늘을 보여준다.
이 계단은 오른쪽으로 내려가라고 이야기하고 있다.

현관문을 열고 들어오면 보이는 만화경의 모습.

검은색 반사면이 바닥, 벽, 천장을 이루고 있다. 어두워지면 천장

모서리에 설치된 조명을 켠다.

1 여기 조명이 숨어 있다. 조명의 방향은 투시도법에 따라 거실 모서리를 향한다.

2 눈높이에 맞춰 사진을 찍으면 수평창이 이 반사면에 비쳐 훨씬 길어진다.

3 이 계단은 선키와 앉은키의 높이 차 때문에 생겼다.

4 공간 모양에 따라 줄눈이 다르다. 이 부분은 사각형 공간이어서 줄눈도 사각형이다.

1

2

3

4

ⓒ박영채

현관에서 신발을 벗는 공간.

단순히 신발을 벗는 장소를 나타내는 구분 선이 아니라 공간의

방향을 강조하는 장치다.

이 집의 하이라이트인 거실.

1 삼각형의 바닥 타일을 끼느라 마지막 순간에 가장 애를 많이 먹었다.

밖이 어두워지면 거실 상부 슬래브의 보에 묻어놓은 조명을 켠다.
이 조명이 켜지면 콘크리트 슬래브가 떠 있는 것처럼 느껴진다.
줄눈은 당연히 삼각형이다.

1

거실 상부의 슬래브를 올려다본 모습.

광원이 보이는 직접조명은 하나도 없고 모두 간접조명이다.

보의 단면도 주차장의 보처럼 모두 삼각형이다.

1 이 원형계단의 아랫면은 직선계단과 연결된다. 시계 반대 방향으로 도는 이유는 2층의 조건이
  요구하기 때문이다.
2 이 계단이 거실에 입장하는 무대적 장치다.

패턴이 인쇄된 유리면.

배경의 빛 조건에 따라 깊이감이 달라진다.

집의 포수석인 부엌에서 바라본 거실.

거실에서 본 현관.

2층의 안방과 1층의 부엌이 함께 보인다.

1 이 부분의 보 하단 높이는 법적 최소치인 2.1미터를 확보할 수 없었다. 그래서 결국 보 하단을
  파내야 했다.
2 이것이 매장에서 발견한 삼각형 후드다.
3 입주 후 여기에 중문을 달았다.

1층 화장실 문에 만든 삼각형 창.

아래의 움푹 들어간 삼각형은 문손잡이 역할을 한다.

원형계단에서 내려다본 거실.
바닥에 유리창이 만드는 패턴이 보인다.

© 박영채

안방에서 본 바깥 풍경.

1 이 부분이 유리로 된 난간이다. 난간이 불투명했다면 시야에서 녹색이 많이 잘려 나갔을 것이다.

기능 공간들이 모두 나뉘어
동시 사용이 가능한 화장실, 샤워실, 세면대.

©박영채

드레스룸에서 본 천창과 환기창.

epilogue.
남은 포장지

때아닌 폭설처럼 마음속에 무서리가 내렸다. 잠도 오지 않던 밤들도 지났다. 다행스럽게 인명 사고는 없었다. 하지만 현장 소장과 작업반장은 준공 후 병원에 실려 갔다. 공사 현장에서는 열흘 정도의 철야와 40일 가까이 자정 넘긴 야근을 했다고 한다.

그러나 여전히 장미꽃을 깔아놓은 탄탄대로는 없었다. 공사는 무 자르듯 명료하게 끝나지 않았다. 마감 상태가 좋지 않은 부분들은 입주 후 재시공했다. 그래도 깔끔하지 않다. 누수가 있었고 몇 개의 문짝을 바꿔 달았다. 적지 않은 예산으로 지은 집이다. 그러나 예산을 절감한다고 싸게 선택한 것들은 여전히 눈에 띈다. 아쉽다.

건축주는 검은색 세단을 처분하고 집에 어울리는 차를 장만해야겠다고 했다. 전에도 집에 맞춰 차를 바꾼 건축주가 있었다. 나는 노란색이나 빨간색 스포츠카를 부추기는 중이다.

학교 다닐 때 음대 후배가 불평한 적이 있다. 연주회에서 청중들이 박수에 인색하다는 것이었다. 치열하게 연습하고 공들여 연주해도 청중들은 그렇게 미지근한 박수를 보낸다는 이야기였다. 내 대답이 아직 기억에 있다. 자신이 지은 집에 대해 한 번도 박수를 받아보지 못하는 직업을 갖고 있는 사람도 있음을 잊지 말라고.

시간이 많이 지났다. 후배에게 이야기했던 그 직업은 내가 선택한 길이다. 나는 건물을 만들기 위해 건축을 선택했다. 나는 내가 누구인지 잊지 않고자 했다. 그런데 앞일이란 알 수 없는 모양이다. 지금 나는 박쥐같이 살고 있다. 나는 학교의 선생이기도 하다.

그래서 종종 진학 상담을 한다. 건축을 하겠다는 고등학생과 그 부모 들이 묻곤 한다. 나는 훌륭한 선택이니 주저하지 말라고 이야기한다. 도시에 자신의 흔적을 남겨놓을 수 있는 직업이 얼마나 멋지냐고. 그 길이 어렵고 거친 것은 당연한 일인데 뭐가 문제가 되느냐고. 나중에 생각이 바뀌어 굳이 건축가의 길을 걷지 않더라도 건축은 가장 훌륭한 교육이라고, 나는 믿는다.

건축을 해도 되느냐는 질문도 받는다. 힘들고 전망도 좋지 않다더라는 말이 따라온다. 나는 어서 다른 전공을 선택하라고 조언한다. 건축은 그렇게 눈치로 선택할 공부가 아니다. 그렇게 편하게 먹고사는 게 목적이라면 건축이 아니라 어떤 일을 선택해도 후회한다. 사실 이건 세상에서 나만 아는 비밀이긴 한데 그런 직업은 존재하지도 않는다.

대학원 졸업생 몇이 설 직전에 찾아왔다. 내게는 제자라기보다 만나면 즐거운 친구들이다. 당연히 왁자한 맥줏집에 모였다. 이야기는 곧 최근에 준공한 그 집, '시선재'로 흘렀다. 이들이 궁금해한 것은 멋진 건축 사진이 아니었다. 그 결과물에 이르기까지 고심한 과정을 알려달라고 했다. 건축 잡지를 펼치면 화려한 사진은 가득하나 그건 분칠한 피사체에 지나지 않는다. 거기 담긴 사람의 이야기는 별로 없다. 그걸 만들어내는 과정의 이야기도 없다. 책으로 남겨달라고 했다.

나는 유학 생활을 통해 내게 배당된 햄버거와 피자는 다 먹었다고 주장해왔다. 그리고 내가 써야 할 책도 이미 다 썼다고 이야기해왔다. 그런데도 내게 햄버거와 피자를 강권하는 자리가 가끔 있었다. 그리고 지금 나는 또 책을 낸다.

이 건물의 가치를 동의받거나 요구할 생각으로 글을 쓴 것은 아니다. 내가 만나고 선택한 사람들과 어떻게 작업했는지 기록하여 공유할 따름이다. 어딘가 한 줌의 가치라도 있다면 독자들이 그 부분만 뽑아 간직하길 바란다. 그것이 독자에게 보내는 내 선물일 것이다. 나는 거기 이 책의 의미가 있으리라 믿는다. 나머지는 훌훌 던져버리시기를. 선물을 받고 포장지는 미련 없이 구겨버리듯.

기본 건축 정보

작품명　　시선재(SeaSunJae, 示線齋)
설계　　　서현(한양대학교) + NAU Architects + SALT workshop
설계담당　NAU Architects: 김광식, 고석홍, 나선근, 양석, 양형원
　　　　　SALT workshop: 곽미경, 이민지, 강현이
위치　　　제주특별자치도 서귀포시 대포동
용도　　　단독주택
대지면적　568㎡
건축면적　109㎡
연면적　　264.1㎡
규모　　　지상 2층, 지하 1층
주차　　　2대
높이　　　10.69m
건폐율　　19.4%
용적률　　27.8%
구조　　　철근콘크리트
외부마감　외단열: 스터코 마감
내부마감　천장: 콘크리트면노출
　　　　　벽체: 스터코 마감, 친환경 페인트
　　　　　바닥: 강마루, 타일
구조설계　터구조㈜
시공　　　㈜지토종합건설
기계설계　㈜건창기술단
전기설계　㈜엘림전설
설계기간　2014.11.～2015.07.
시공기간　2015.08.～2016.01.
준공　　　2016.01.